水利水电工程师 CATIA 应用丛书

水工建筑物机电三维建模应用

郭莉莉　王小平　刘增强　主编

黄河水利出版社
·郑州·

内容提要

本书为水利水电工程师CATIA应用丛书之一。基于CATIA V5R20软件平台，深入浅出地介绍了CATIA软件机电模块的基本功能、操作过程与技巧，着重讲述了零件建模、装配建模、资源管理、设备创建与入库、设备布置、管道(Piping)布置、管道(Tubing)布置等模块建模思路、流程及应用技巧，并以凯乐塔水利枢纽机电三维建模为例，重点介绍了机电三维建模应用的实施步骤。

本书内容翔实、重点突出，配有大量的插图和实例详解，使读者能够迅速掌握CATIA软件的基本使用方法，快速具备进行水工建筑物机电三维建模和解决实际工程问题的能力。

本书可为水利水电工程机电三维设计及管理人员的三维建模提供参考借鉴，也可作为相关专业人员的参考用书。

图书在版编目(CIP)数据

水工建筑物机电三维建模应用/郭莉莉，王小平，刘增强主编. —郑州：黄河水利出版社，2018.12
(水利水电工程师CATIA应用丛书)
ISBN 978-7-5509-2236-5

Ⅰ.①水… Ⅱ.①郭…②王…③刘… Ⅲ.①水工建筑物-机电系统-系统建模-应用软件 Ⅳ.①TV6-39

中国版本图书馆CIP数据核字(2018)第291498号

出 版 社：黄河水利出版社
地址：河南省郑州市顺河路黄委会综合楼14层 邮政编码：450003
发行单位：黄河水利出版社
发行部电话：0371-66026940、66020550、66028024、66022620(传真)
E-mail：hhslcbs@126.com
承印单位：河南新华印刷集团有限公司
开本：787 mm×1 092 mm 1/16
印张：8.75
字数：210千字 印数：1—1 000
版次：2018年12月第1版 印次：2018年12月第1次印刷
定价：25.00元

《水工建筑物机电三维建模应用》
编委会

主　　编：郭莉莉　王小平　刘增强

编写人员：蔺志刚　王　陆　董甲甲

　　　　　梁春光

前　言

CATIA 是法国 Dassault System 公司的 CAD/CAE/CAM 一体化软件，广泛应用于航空航天、汽车制造、造船、机械制造等行业。近一二十年来，随着水利水电行业三维设计的兴起和普及，CATIA 软件在水利水电行业应用研究中也取得了一定的进展。国内各大设计院也积极探索设计手段的三维化，在结合工程设计项目的基础上，积极开展三维设计方法与应用研究。

水利水电工程设计推广三维设计新技术，是设计手段的新飞跃，也是未来发展的必然趋势。目前，有关 CATIA 的书籍主要是针对机械行业的，但针对水利水电行业机电专业方面很少有教材或专著涉及。然而水利水电行业机电专业由于其特殊性，在使用 CATIA 过程中与机械行业存在很大差异，可借鉴性不强，因此编者编写了本系列书籍。本书主要立足于水利水电工程机电设计的过程，让机电专业的技术人员迅速掌握 CATIA 软件机电相关模块的基本使用方法，为促进三维设计在水利水电行业的应用和推广尽一份力。

主要内容包括：

第 1 章 CATIA 软件介绍。介绍软件基本功能、模块及相关设置。

第 2 章 零件建模。介绍零件建模的操作要点、过程及参数化。

第 3 章 装配建模。介绍装配模块及装配设计思路。

第 4 章 资源管理。介绍资源管理结构、环境设置和项目资源管理配置。

第 5 章 设备创建与入库。介绍设备创建与入库的要求和过程。

第 6 章 设备布置。介绍设备布置模块功能、常用命令和环境工具。

第 7 章 管道(Piping)布置。介绍管道(Piping)布置模块及管路设计流程。

第 8 章 管道(Tubing)布置。介绍管道(Tubing)布置模块、软管线设计流程和步骤。

第 9 章 应用实例。通过凯乐塔电站厂房机电设计实例，介绍机电三维建模应用实施步骤。

本书作为土木工程 CATIA 三维设计应用丛书之一，适合于各层次机电设计工程师。对于初学者，本书是一本快速入门教材；对于有一定经验的读者，本书可以提供有益的参考，以加深对水工建筑物机电三维设计的理解，增强解决实际工程问题的能力。

本书编写分工如下：第 1、6 章由郭莉莉、蔺志刚、梁春光合编，第 2、4 章由董甲甲、王陆合编，第 3、5、7 ~ 9 章由王小平、刘增强合编。全书由王小平统稿。

本书在编写过程中得到了各界同仁和朋友的大力支持与帮助，参阅了 CATIA V5 在线帮助和 CATIA 技术论坛的相关资料，在此一并表示感谢！

由于时间和作者水平所限，书中不妥之处在所难免，恳请各位读者批评指正。

编　者
2018 年 8 月

目　录

第 1 章　CATIA 软件介绍

1.1　CATIA 软件

CATIA 是英文 computer aided tri - dimensional interface application 的缩写，由法国 Dassault 宇航公司从 20 世纪 70 年代开始开发，并应用于宇航工业；80 年代初，Dassault 集团成立 Dassault Systems 公司，专门负责 CATIA 的技术开发，并将 CATIA 作为商业软件推向市场，发展至今，它已是世界上主流的 CAD/CAE/CAM 一体化软件之一。

CATIA 在发展的 20 年中在世界范围内已有 12 000 多家用户在使用 13 万套以上的 CATIA 为其工作。除在汽车、航空航天领域的统治地位不断增强，同时 CATIA 也大量地进入了其他行业，如机车制造、通用机械、家电、船舶等。

CATIA 源于航空航天工业，从产品的概念设计到最终产品的形成，以其精确可靠的解决方案提供了完整的 2D、3D。参数化建模、电子样机建立及数据管理手段满足商业防御和航空领域应用的需要，同时，作为一个完全集成化的软件系统，CATIA 将机械设计、工程分析仿真、数控加工及 CATweb 网上解决方案有机地结合在一起，为用户提供了严密的无纸工作环境，特别是 CATIA 中专业的航空专用模块，如航空钣金设计、航空复合材料设计辅层、管路设计及分析、电路布线及生产等使 CATIA 拥有了最宽广的专业覆盖面，从而帮助客户达到缩短设计生产周期、提高质量、减少成本的目的。CATIA 引以自豪的主要项目是波音 777 成功地用 100% 数字模型无纸加工完成。这在航空航天工业中从来没有过，堪称业界第一。目前，CATIA 在航空、航天领域的装机量已经达到本行业所有装机量的 60%。我国 CATIA 也取得了令人瞩目的成绩，如哈尔滨、沈阳、西安、成都、景德镇、上海、贵阳等航空飞机厂无一例外地都选用 CATIA 作为其核心设计软件。

CATIA 软件致力于满足以设计流程为中心的全生命周期设计需求。通过提供业界领先的混合建模功能以及并行工程设计环境，为设计企业提供了精确、高效、可靠的设计及数据管理工具。

1.2　CATIA 软件模块

1.2.1　常用模块

水工建筑物机电三维建模常用模块有“装配设计”“零件设计”“创成式外形设计”“Equipment Arrangement”“Piping Design”“Tubing Design”“HVAC Design”和“Gonduit Design”等。表 1-1 所示为各模块的图标以及在 CATIA 软件中的创建或进入路径。

表 1-1　常用模块

序号	图标	路径
1	装配设计	开始—机械设计—装配设计
2	零件设计	开始—机械设计—零件设计
3	创成式外形设计	开始—形状—创成式外形设计
4	Equipment Arrangement	开始—设备与系统—多专业—Equipment Arrangement
5	Piping Design	开始—设备与系统—管路专业—Piping Design
6	Tubing Design	开始—设备与系统—管道专业领域—Tubing Design
7	HVAC Design	开始—设备与系统—HVAC 规则—HVAC Design
8	Conduit Design	开始—设备与系统—电子电缆布线规则—Conduit Design

1.2.2　CATIA 界面

CATIA 采用了标准的 Windows 工作界面，虽然拥有几十个模块，但其工作界面的风格基本一致，见图 1-1。

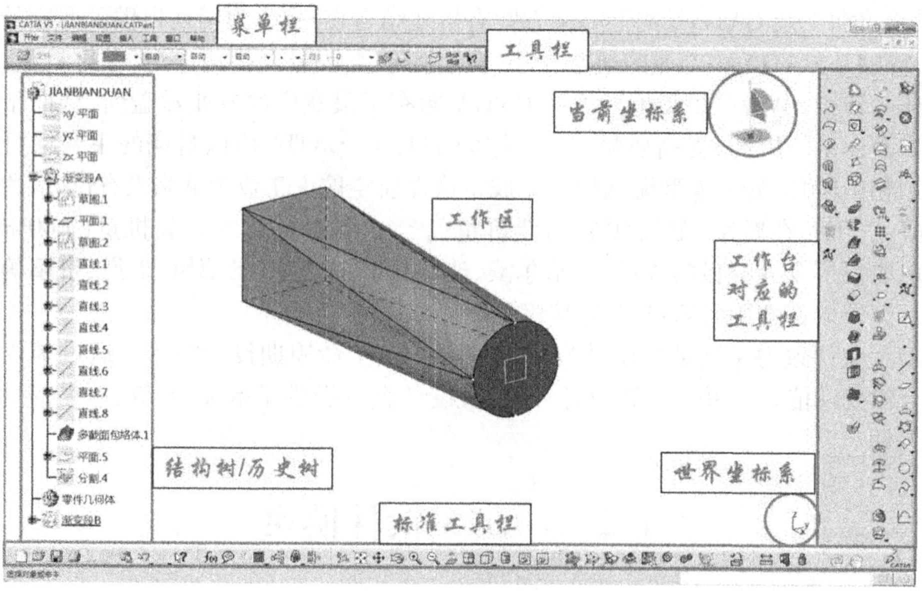

图 1-1　CATIA 界面

1.2.3　结构树基本组成

结构树以树状层次结构显示了 CATIA 数据的组织结构。

产品文件（Product）的结构树见图 1-2（a），最顶一级为产品（Product），最后一级为零件（Part）。产品下面可以建立产品、部件和零件，零件是最底层一级，所有的模型动态过程均存储在该结构之下。

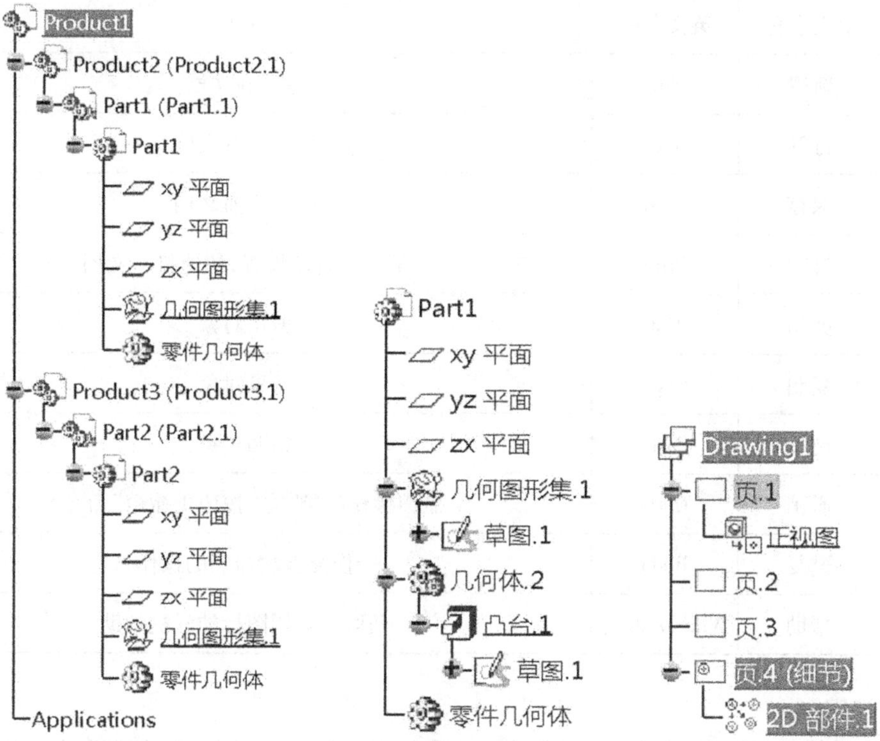

(a)Product 结构树　　(b)Part 结构树　　(c)Drawing 结构树

图 1-2　结构树

零件产品(Part)的结构树见图 1-2(b),仅包含零件相关的特征。

工程制图文件(Drawing)的结构树见图 1-2(c),包含一个工程图文件的所有图纸和视图。

通过功能键"F3"可以"显示/隐藏"结构树。

将光标指向结构树节点间连线,按住鼠标左键,即可拖动结构树到用户指定位置。

将光标指向结构树节点间连线,按住 Ctrl 键,滚动鼠标滚轮,可将结构树进行缩放。

单击节点前的"+",将显示该节点的下一层节点;单击节点前的"-",将关闭该节点的下一层节点。

通过单击节点间连线,可以激活或取消激活工作区。

1.2.4　基本命令

1.2.4.1　基本操作

基本操作主要包括"新建""打开""保存""打印""剪切""复制"等命令,如表 1-2 所示。

表 1-2　基本操作工具

图标	中文名称	英文名称	备注
	新建	New	建立新文档
	打开	Open	打开已有文档
	保存	Save	保存当前文档
	打印	Print	不进行打印设置，快速打印文档
	剪切	Cut	剪切对象
	复制	Copy	拷贝对象
	粘贴	Paste	粘贴对象
	撤销	Undo	撤销操作（ 有"按历史撤销"命令）
	重复	Redo	恢复上次撤销的操作
	帮助	What's this?	获取工具栏图标的联机帮助

1.2.4.2　视图

视图工具主要用于对模型文件的浏览、查看及视图模式的选择等，如"平移""缩放""旋转"等命令，如表 1-3 所示。

表 1-3　视图工具

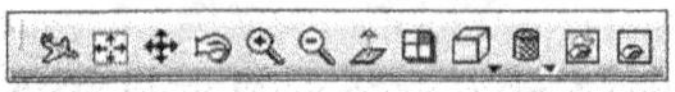

图标	中文名称	英文名称	备注
	全部适应	Fit All In	将三维模型充满全屏
	法线视图	Normal View	沿选定平面的法线方向观察物体
	视图	View(Isometric View)	不同视图选择（ 下有类似其他命令）
	平移	Pan	平移视图
	旋转	Rotate	旋转视图
	放大	Zoom In	放大视图
	缩小	Zoom Out	缩小视图
	视图模式	View Mode (Shading With Edges)	不同模式显示（ 下有类似其他命令）

1.2.4.3　测量

测量工具主要用于对模型文件进行距离、角度、面积及体积的测量等，如表 1-4 所示。

表 1-4　测量工具

图标	中文名称	英文名称	备注
	测量间距	Measure Between	测量两个元素间的距离及角度
	测量项	Measure Item	测量单个元素的几何信息(如点坐标、线段长度、表面积等)
	测量惯量	Measure Inertia	测量元素的物理属性(实体或曲面的面积、体积、质量、重心等)

1.2.4.4　知识工程

知识工程工具主要是将模型中的重要控制尺寸通过公式、设计表、参数等进行参数化关联,如表 1-5 所示。

表 1-5　知识工程工具

图标	中文名称	英文名称	备注
	公式	Formula	创建需要的公式和参数
	设计表	Design Table	创建设计表(下有类似其他命令)
	锁定参数	Lock Selected Parameters	锁定选定的参数

1.2.4.5　基本命令的快捷操作方法

基本命令的快捷操作方法如表 1-6 所示。

表 1-6　基本命令的快捷操作方法

目的	图标	鼠标操作	命令操作
隐藏目录树	—	—	F3
隐藏/显示	—	左键点击元素,右键选择"隐藏/显示"	左键点击元素,按空格键
移动		按住中键拖动	—
缩放		先按住中键,然后点击右键一次,上下拖动	先按 Ctrl,再加中键,上下拖动
旋转		先按住中键,然后按住右键,拖动	先按中键,再加 Ctrl,拖动

1.2.4.6　常见图标示意

常见图标示意表示建模过程中模型的状态,如更新提示、发布的元素及状态、是否激活以及断开及出现错误的元素等,如表 1-7 所示。

表 1-7　常见图标

图标	备注
	发生变化、需要更新
	发布的元素
	停止激活
	外部参考(未发布)
	外部参考(已发布)
	断开连接的元素
	出现错误的元素

1.3　软件设置

通过软件的选项设置,可以使得相关功能模块能够正常使用,点击“工具”→“选项”,按照图 1-3 ~ 图 1-17 进行相应设置。

选择你需要的配置(见图 1-3①),一般情况下,请勾选 AD2 或者 AD3。

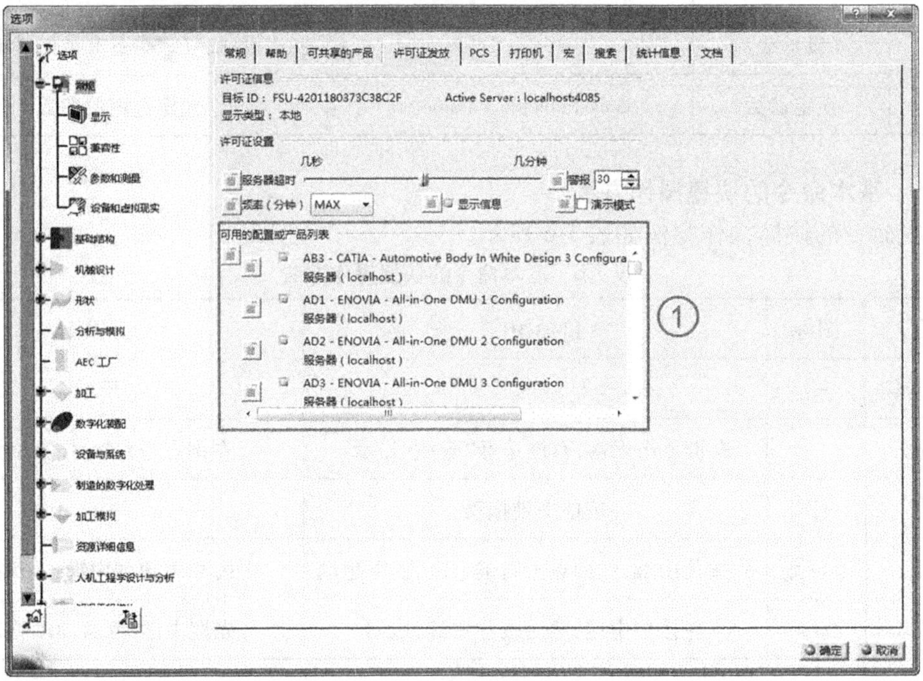

图 1-3　可用配置选择

根据计算机配置情况选择 3D 精度,一般建议如图 1-4 设置。

在图 1-5①中,选择该项,可以让模型空间内的图形也导入进来,否则只导入布局内的图形。

在图 1-5②中,选择“始终”可以让所有导入的线段均有端点,否则会产生标注时捕捉不

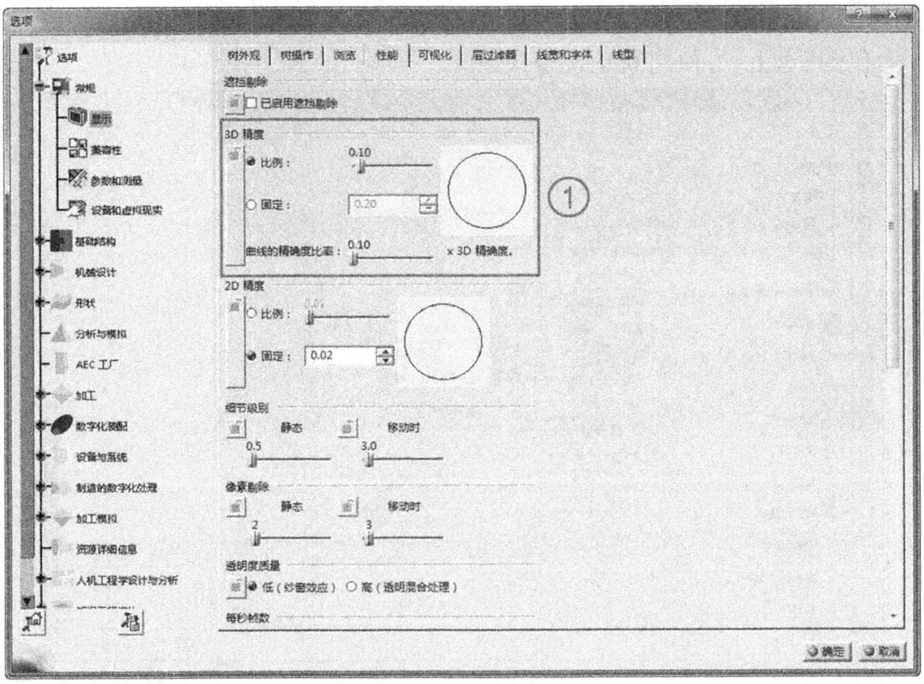

图 1-4　3D 精度设置

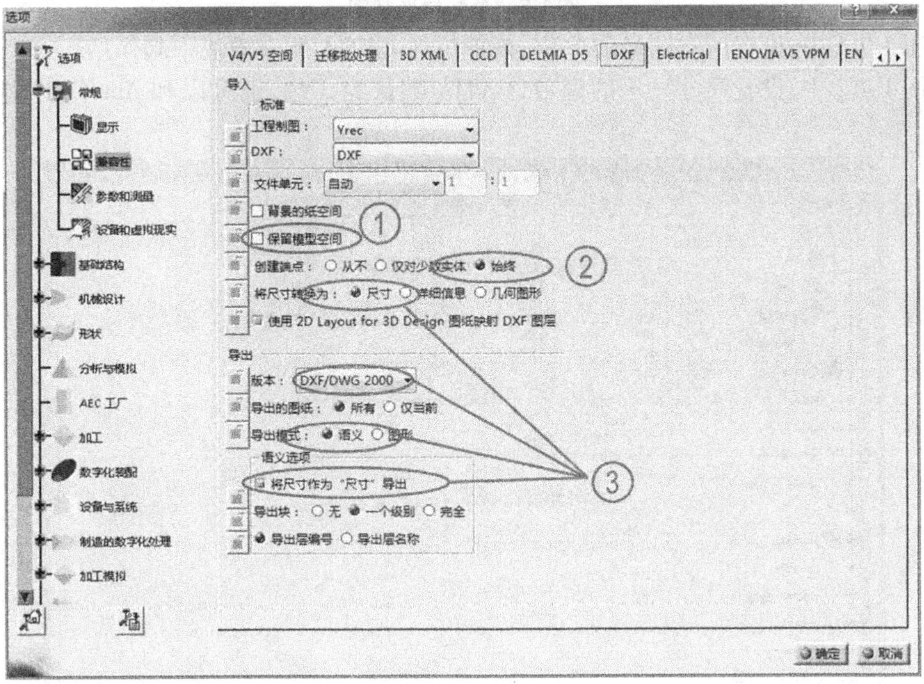

图 1-5　兼容性设置

到端点的问题。

在图 1-5③中，选择以上各项，以保证导出的文字和尺寸不是图形，否则会出现导入的标注是图形、导出的文字和标注是图形的问题。

在图 1-6①中，选择“带值”和“带公式”可以让参数可检查，如初学 CATIA 知识工程，可将“由符号`包围”选上，方便判断是否为参数。

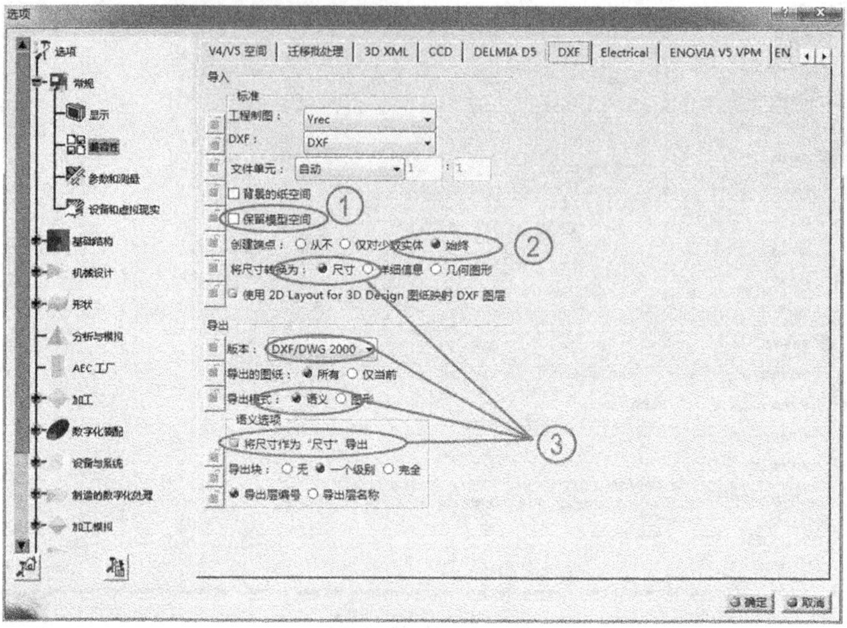

图 1-6　参数树形视图

在图 1-7①中，设置所有测量的单位，该单位在 CATIA 所有模块中起作用。

在图 1-7②中，设置尺寸显示的位数，CATIA 默认为 3 位，也可以和 AutoCAD 类似设为 4 位。

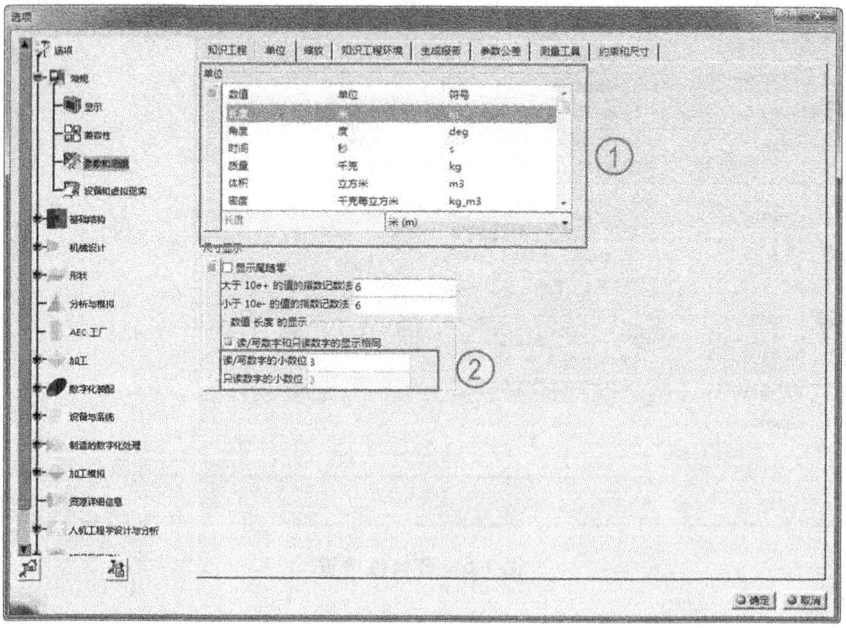

图 1-7　测量单位及有效位数

在图 1-8①中，以上设置用于“高速缓存”设置。

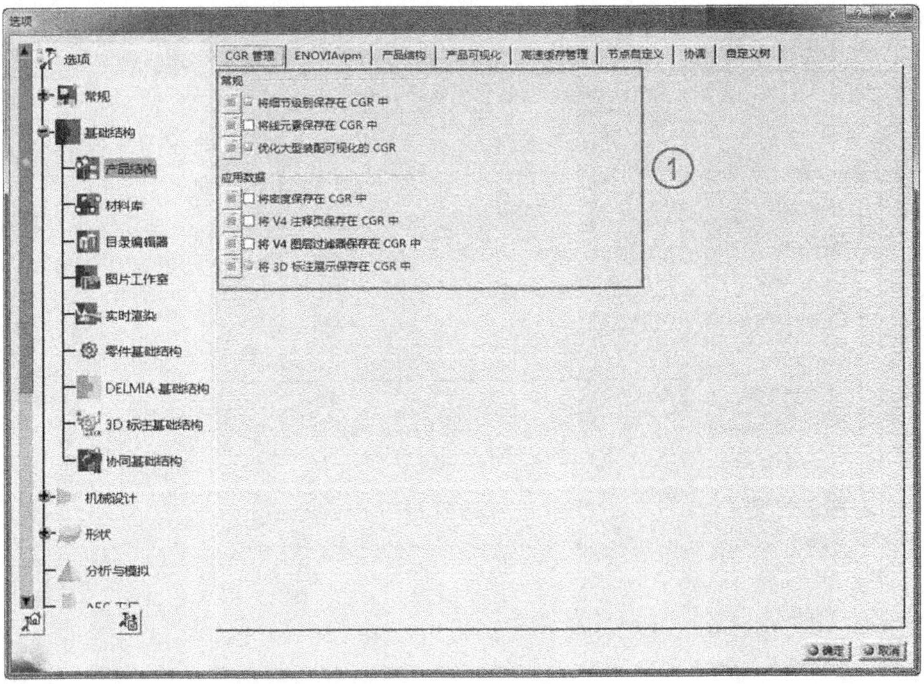

图 1-8　高速缓存 1

在图 1-9①中，此处设置激活高速缓存及高速缓存的位置、大小。如进行大型装配，请务必激活高速缓存，以提高性能。

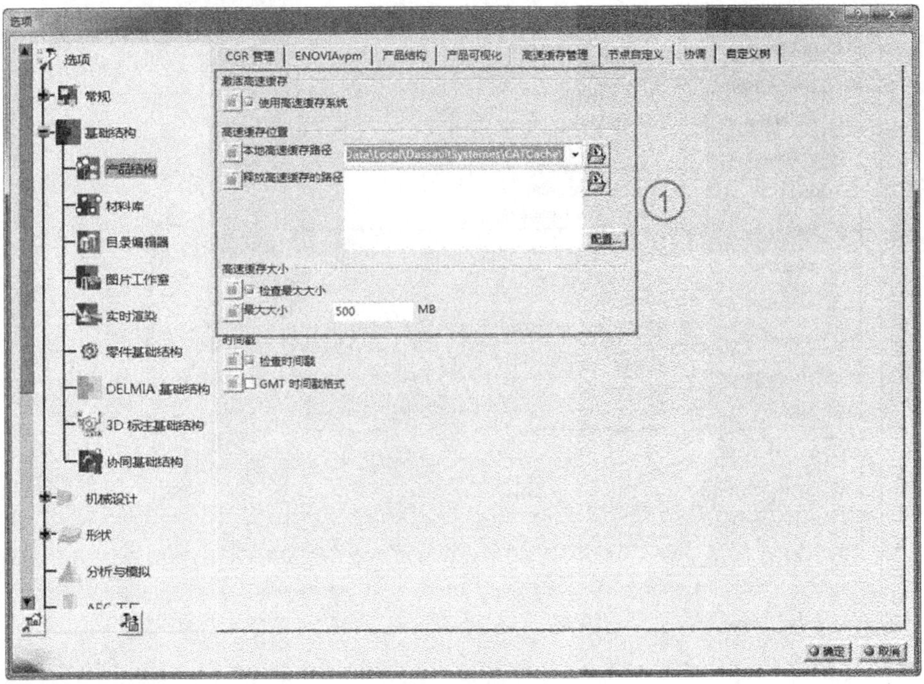

图 1-9　高速缓存 2

在图 1-10①中，定义 CATIA 在产品状态下结构树的顺序及是否显示相关内容。请务必将参数和关系双击，以激活显示。

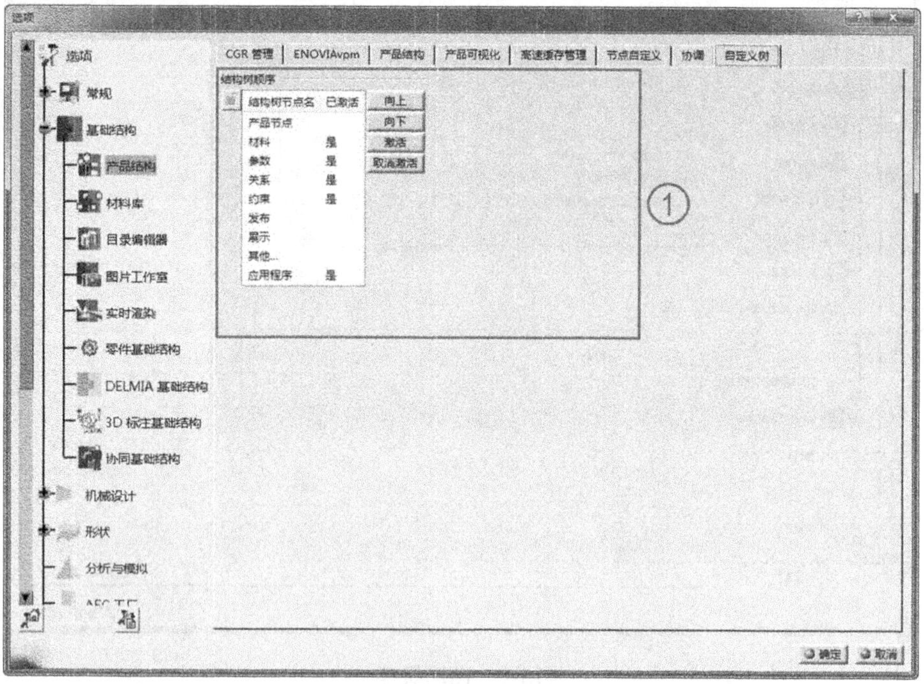

图 1-10　结构树各节点顺序设置

在图 1-11①中，请按照以上选项进行设置。

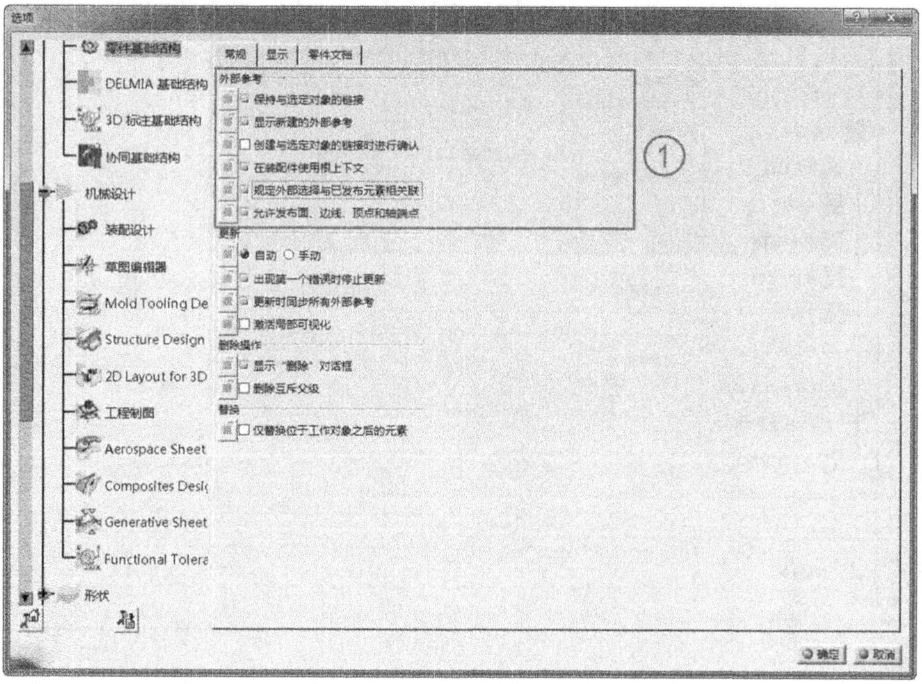

图 1-11　外部参考设置

在图 1-12①中，请按照以上选项进行设置。

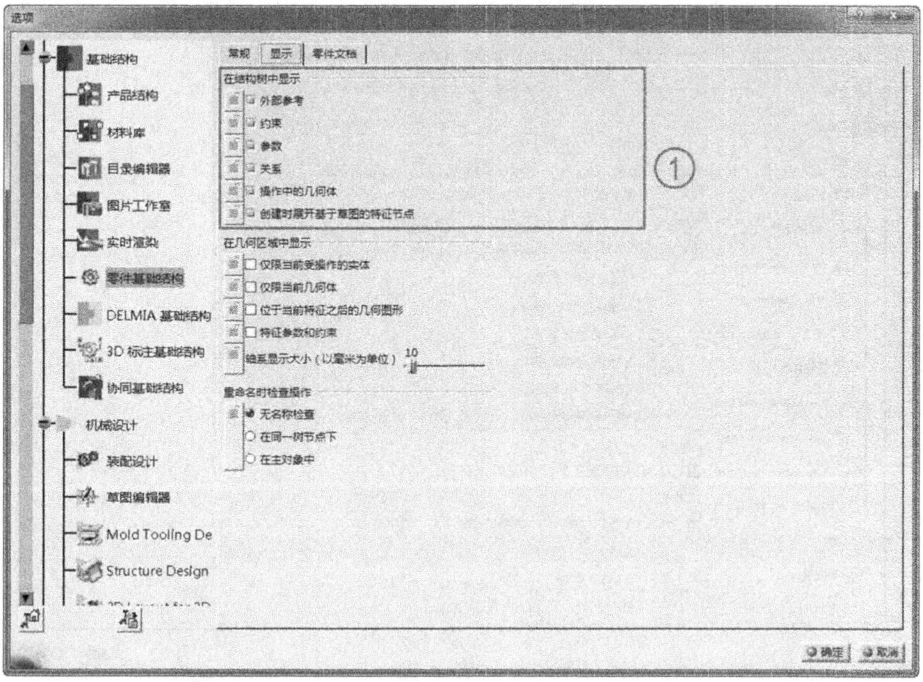

图 1-12　结构树中显示设置

在图 1-13①中，取消混合设计，并选择“导入管理的颜色”的所有选项。

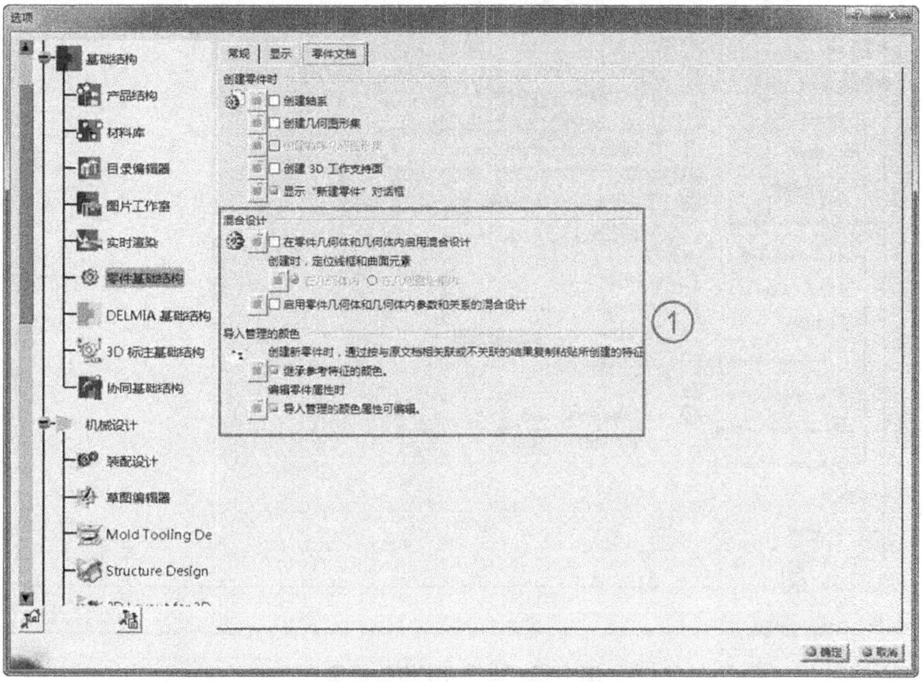

图 1-13　混合设计选项设置

在图 1-14①中，选择该选项，更改视图平面后，由 3D 视图生成的二维图会提示更新。

在图 1-15①中，选择该选项后，导出到 AutoCAD 的线段端点可以被选择。

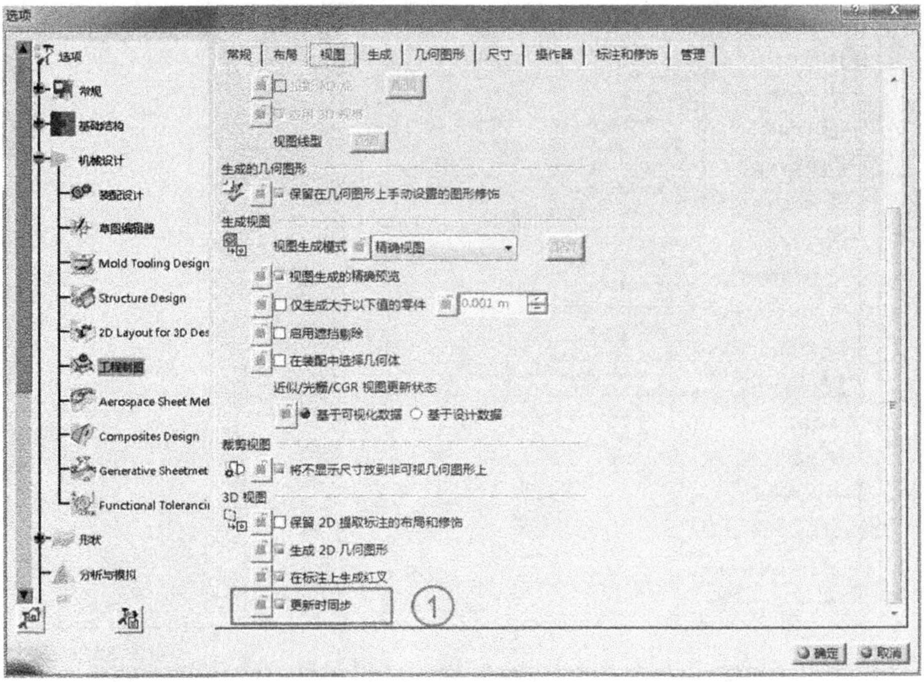

图 1-14　更新同步设置

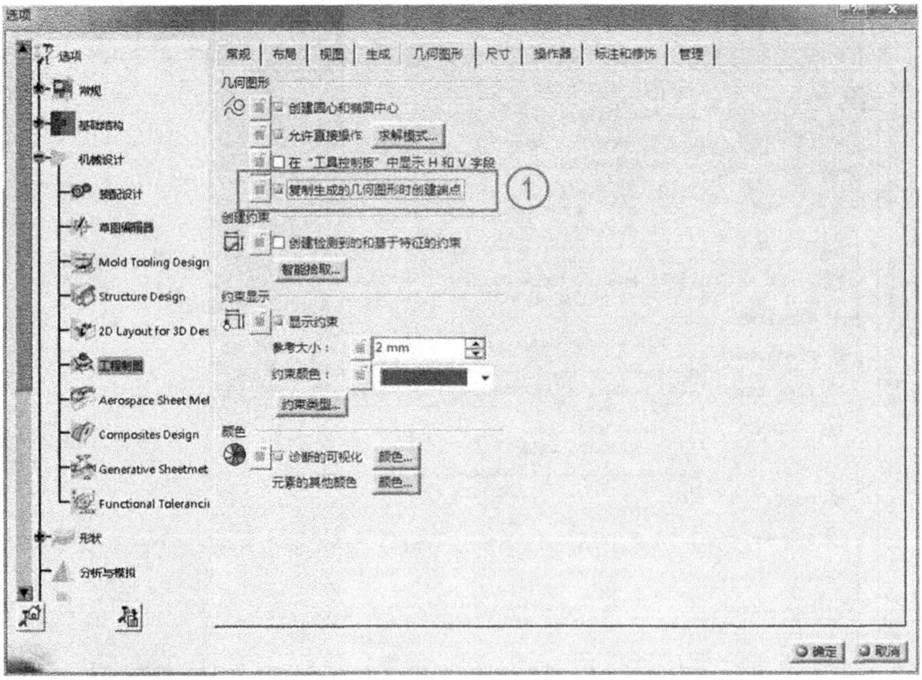

图 1-15　与 CAD 相关设置

在图 1-16①中，这些选项可以根据实际需要进行选取。通常情况下选择图中所选部分即可满足标注要求。

在图 1-17①中，选中这两个选项，避免出现标准不一致的问题。

在图 1-17②中，这个选项可以与前面的"生成/修饰集合图形"一起运用，使创建视图样

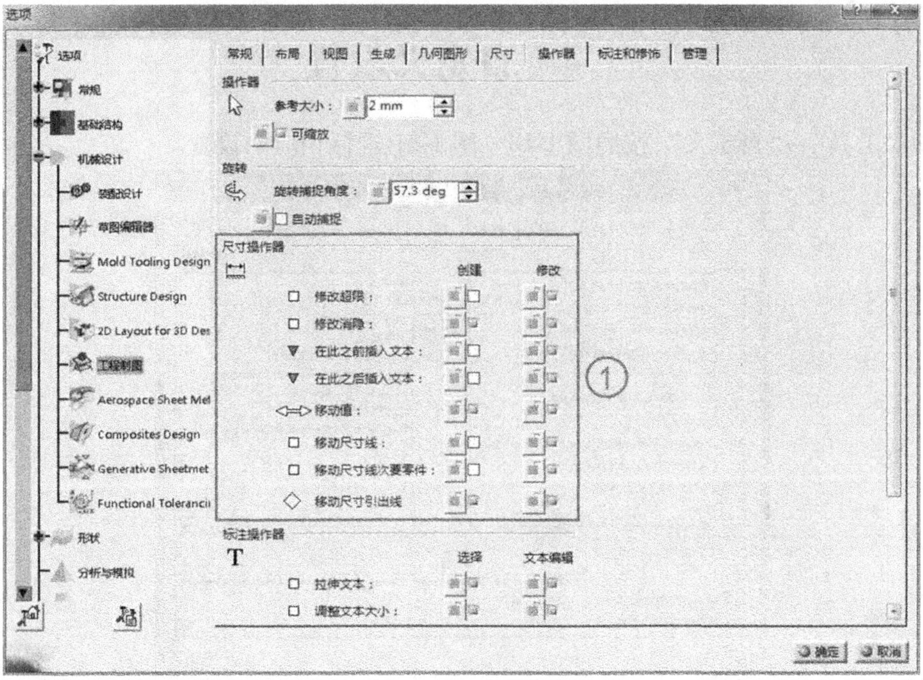

图 1-16　工程制图选项

式更加方便灵活。

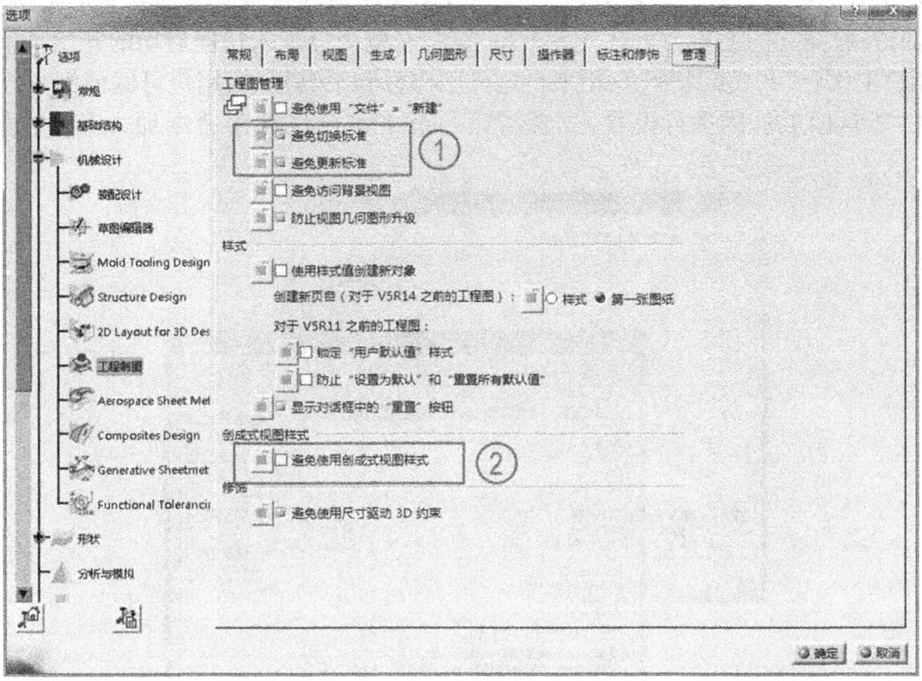

图 1-17　工程制图管理设置

1.4 自定义设置

点击“工具”→“自定义”，按照图 1-18 ~ 图 1-21 进行相应的设置。

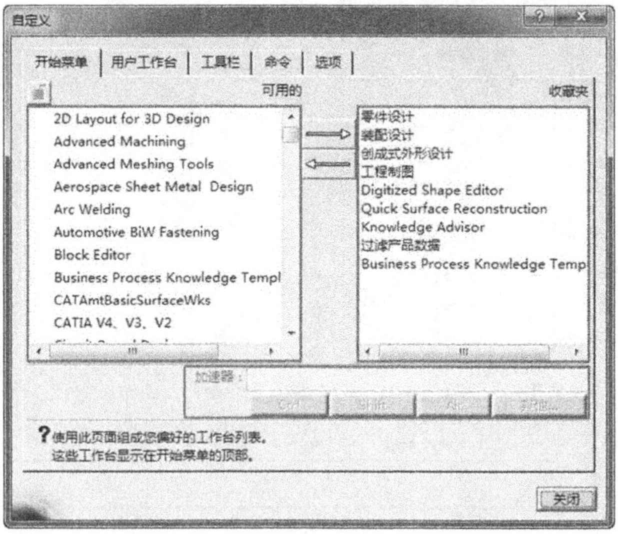

图 1-18　软件模块的快速选择设置

在图 1-18 中，“开始菜单”用来给各模块增加快捷键和快速选取选项；所谓“加速器”，就是快捷键；收藏夹的左侧为可选开始菜单选项，右侧为已加入快捷启动的开始菜单选项。

“用户工作台”和“工具栏”是用来自定义工作台和工具栏的，用户可以根据自己的需要对 CATIA 默认的工具栏进行设置，或者新建一个工作台将常用命令加入其中，如图 1-19 所示。

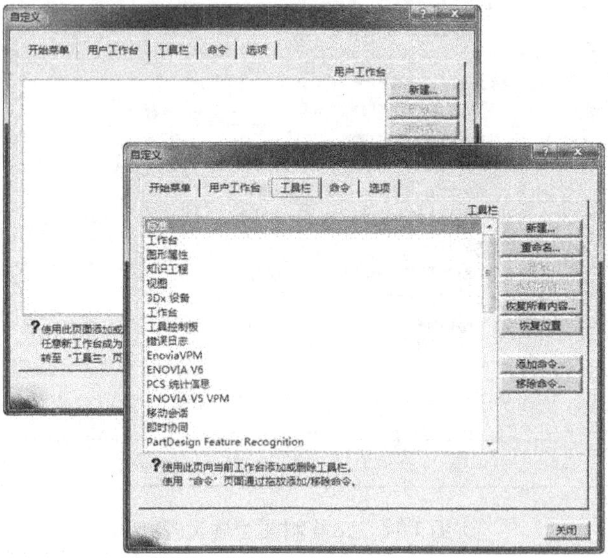

图 1-19　用户工作台和工具栏设置

“命令”窗口可以对选项进行高级定制，包括命令的名称、用户自定义名称、快捷键等，图标也可以进行自定义定制。如看不到下面的命令属性，点击右下角的“显示属性”来显示，如图1-20所示。

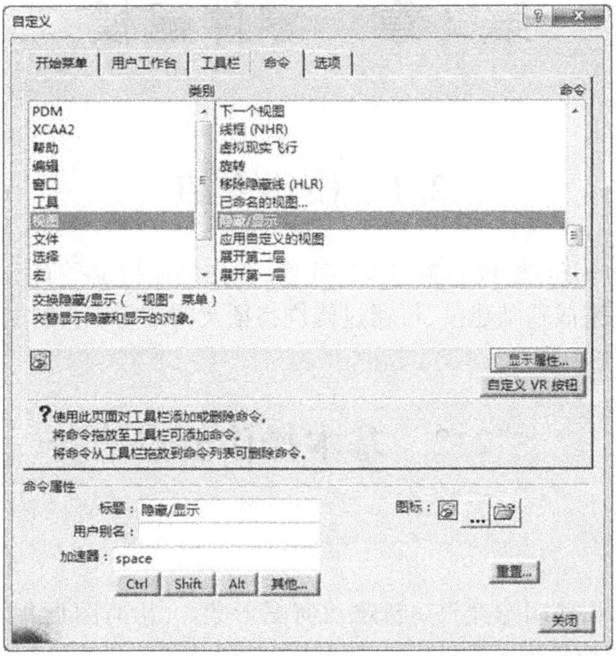

图 1-20 定制专有命令

通过调整图标大小比率，可以调整图标的大小，如屏幕分辨率较高需要调整图标大小，可以在此处调整，如图1-21所示。

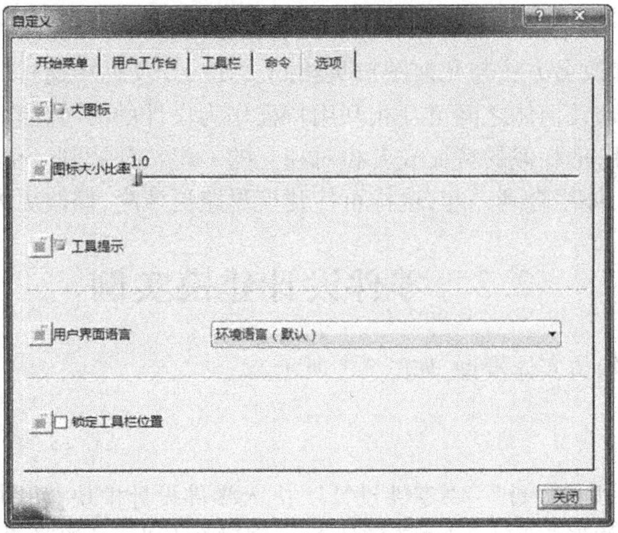

图 1-21 选项设置

用户界面语言默认情况下与所使用的Windows版本一致，如需要在帮助中查找相应内容，建议调整为英文。

第2章　零件建模

2.1　模块介绍

零件设计(Part Design)模块的实体零件建模,首先是在指定平面上进行草图绘制,利用基于草图的特征工具完成基础建模,再通过修饰特征及布尔等工具对基础模型进行编辑、修改,最终完成实体零件建模。

2.2　基本操作要点

2.2.1　几何图形集

通过"插入"→"几何图形集"→创建几何图形集1、几何图形集2、…,通过右键"属性"→"特征属性",修改特征名称。

对于复杂的零件,将其定位元素和草图分类放置在不同的几何图形集里,便于管理和修改。

2.2.2　几何体

几何体的创建和改名方法与几何图形集相同。在一个文件中通过"插入"→"几何体",可以创建多个几何体,几何体之间可互相利用特征作为设计的参考元素。

对于复杂的零件,把相似的特征或者相对独立的一组特征放到一个几何体内,也可通过布尔操作把多个几何体组合到一起,这样可使建模思路更清晰,修改更方便。

2.3　零件设计建模实例

目标:创建一个箱体实体模型,如图2-1所示。

2.3.1　建立骨架

通过"开始"→"机械设计"→"零件设计",进入零件设计模块,如图2-2所示。

插入两个"几何图形集"和一个"几何体",分别重命名为"骨架""草图集"和"箱体",并将文件保存为"XiangTi. CATPart",如图2-3所示。

鼠标放至"骨架"几何图形集上,右键定义为工作对象。单击"点" ,通过"点类型:坐标"建立两个点,分别命名为"定位点"和"方向点"(注:要求"定位点"和"方向点"的"Z"坐标相同);单击"直线" ,通过"定位点"和"方向点"建立一条直线,重命名为"U－X",

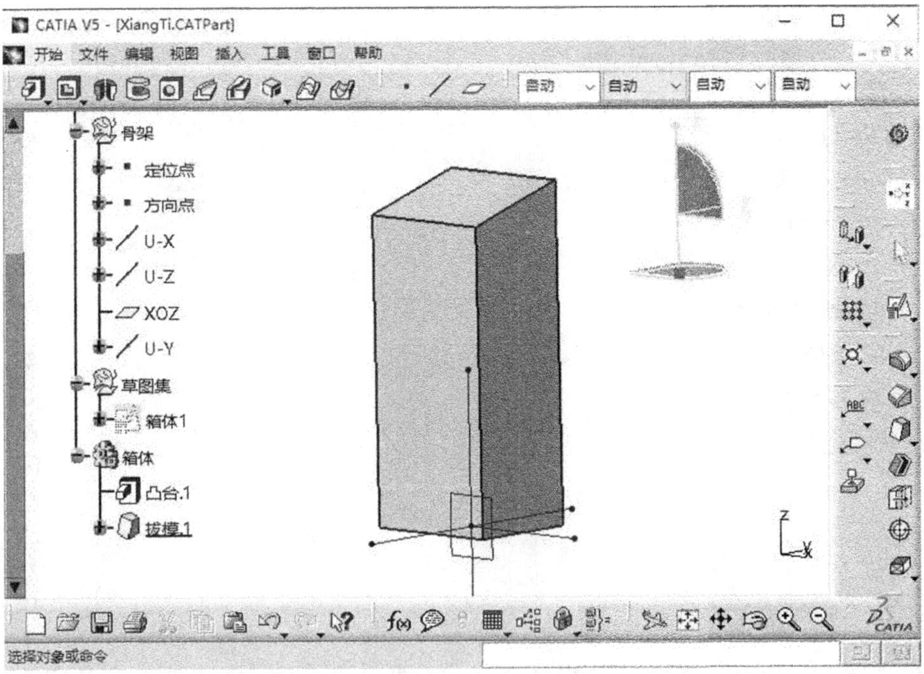

图 2-1　箱体实体模型

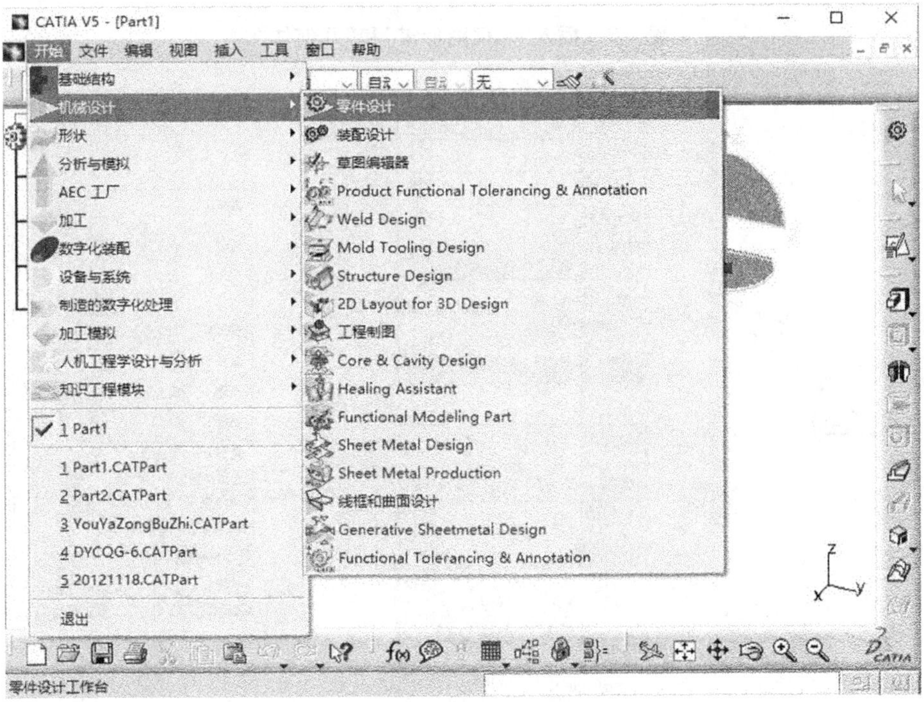

图 2-2　零件设计界面

如图 2-4 所示。

单击“直线” ／ ,通过“线型:点 - 方向”建立直线,其中“点:”选择“定位点”,“方向:”文本框中右键选择“Z Component”,“起点:”赋值“ - 0. 500 m”,“终点:”赋值“0. 500

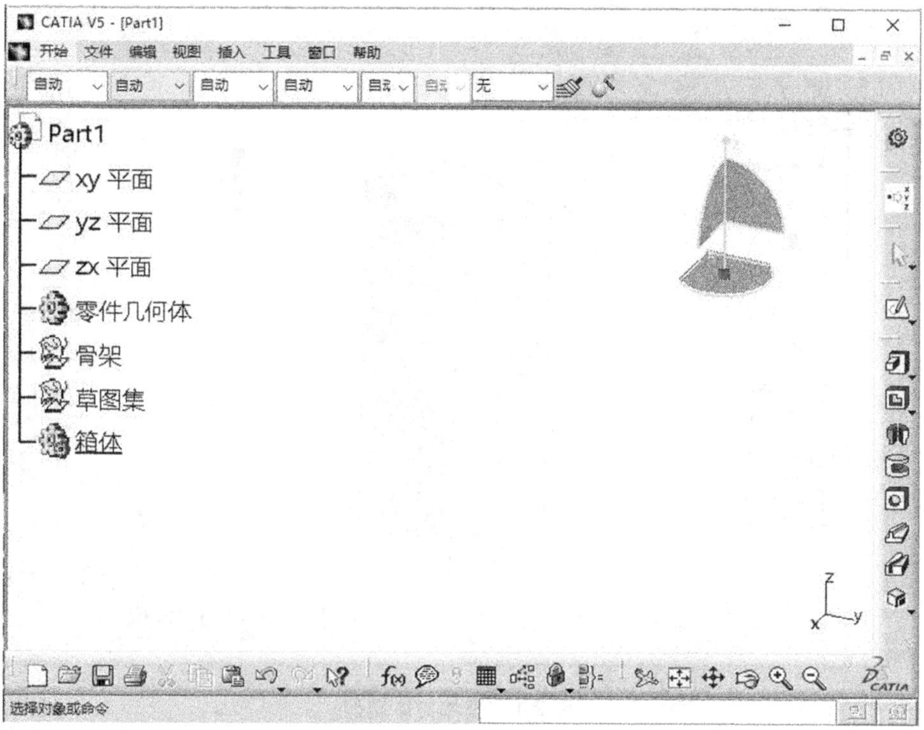

图 2-3　插入“几何图形集”和“几何体”

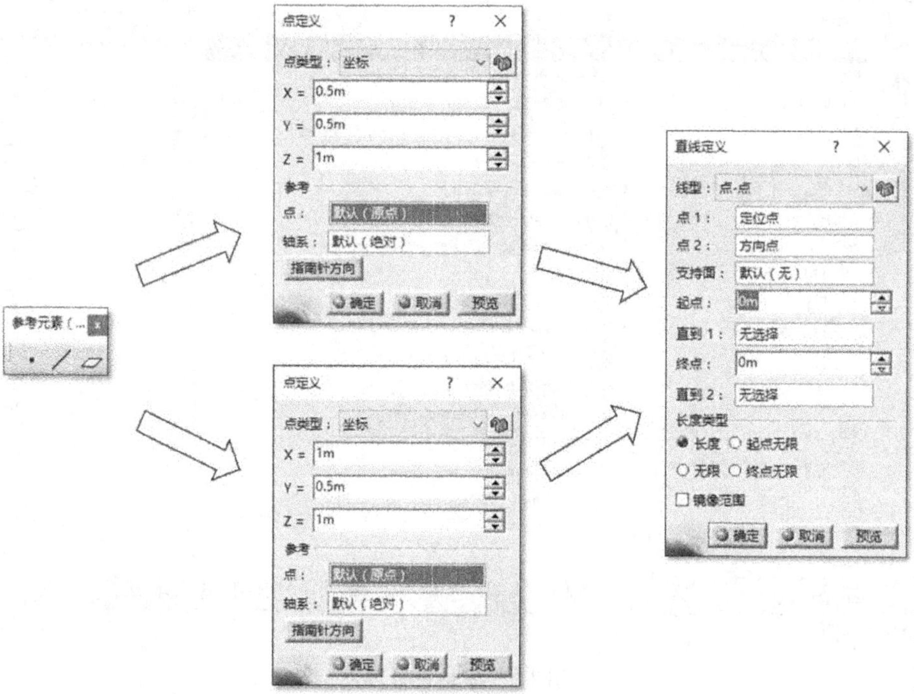

图 2-4　建立点和线

m”，单击“确定”，重命名为“U－Z”，如图 2-5 所示。

单击“平面”，通过“平面类型：通过两条直线”，分别选择直线“U－X”和“U－Z”建立屏幕,重命名为“XOZ”,如图 2-6 所示。

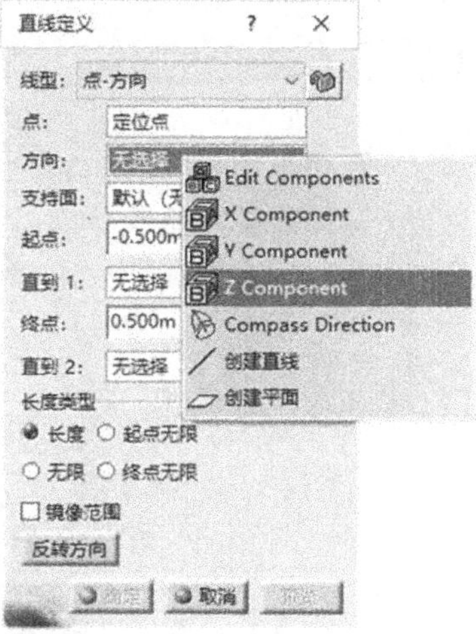

图 2-5 “点 – 方向”方法建立直线

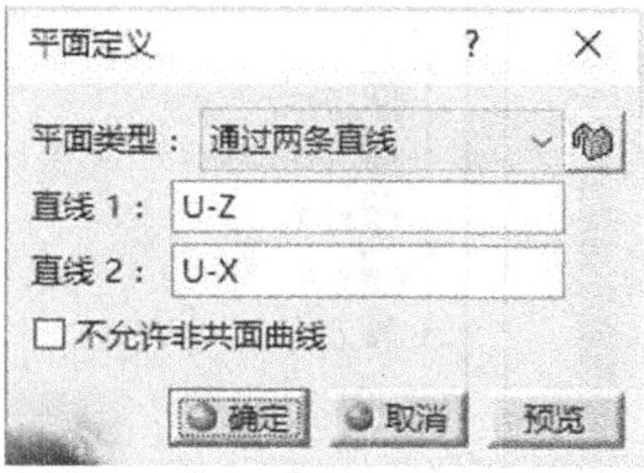

图 2-6 “通过两条直线”方法建立平面

单击“直线” ,通过“线型:曲线的法线”建立直线,其中“曲面:”选择“XOZ(反转)”;“点:”选择“定位点”;“起点:”赋值“ – 0. 5m”;“终点:”赋值“0. 5 m”,单击“确定”,重命名为“U – Y”,如图 2-7 所示。

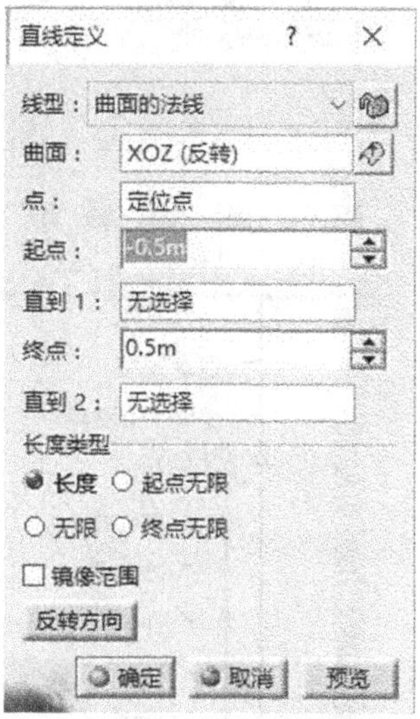

图 2-7 “曲面的法线”方法建立直线

建立完成的骨架如图 2-8 所示。

2.3.2 草图绘制

2.3.2.1 进入草图模块

将鼠标放至“草图集”几何图形集上,右键定义为工作对象。单击创建草图图标(建议选用“定位草图”)弹出“草图定位”对话框,如图 2-9 所示。

按照下述步骤依次选择参考的“平面支持面”“原点”“方向”:

(1)平面支持面。类型选择“已定位”,并点选绘制草图轮廓的平面,图 2-9 中“参考:”选择“XOZ”平面。

(2)原点。若需自定义坐标系, 可按图 2-9 中操作,“类型:”选择“投影点”,“参考:”选择“定位点”。

(3)方向。若需自定义坐标系,可按图 2-9 中操作,“类型:”选择“与直线平行”,“参考:”选择“U – X”。

2.3.2.2 轮廓创建

单击图 2-9 中的“确定”,进入草图绘制界面;选择“矩形” 绘制一个封闭的矩形,如图 2-10 所示。从图中可见,绘制过程中系统自动建立了水平、竖直等相关约束。

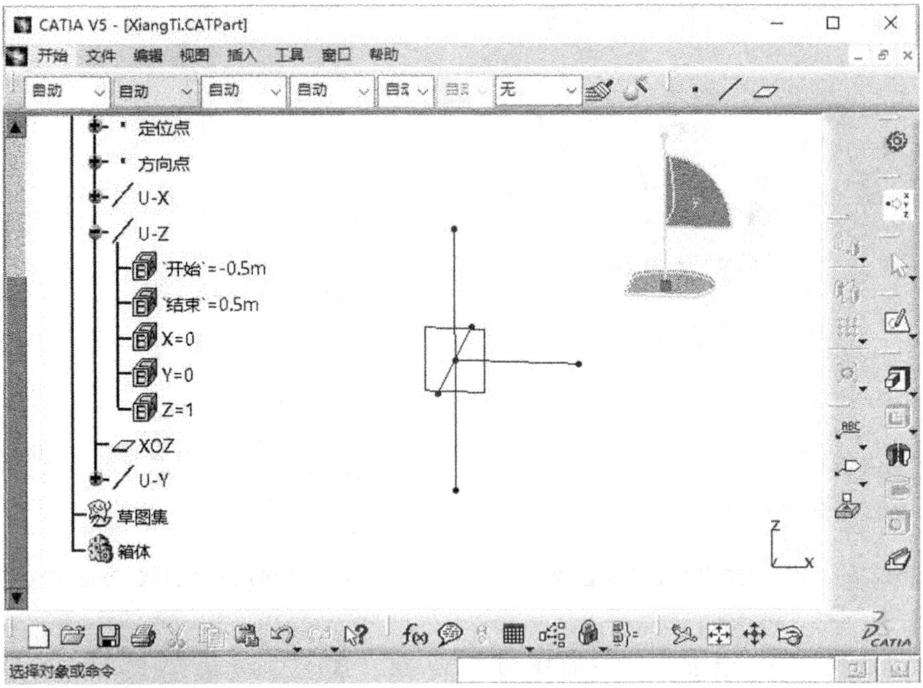

图 2-8 骨架

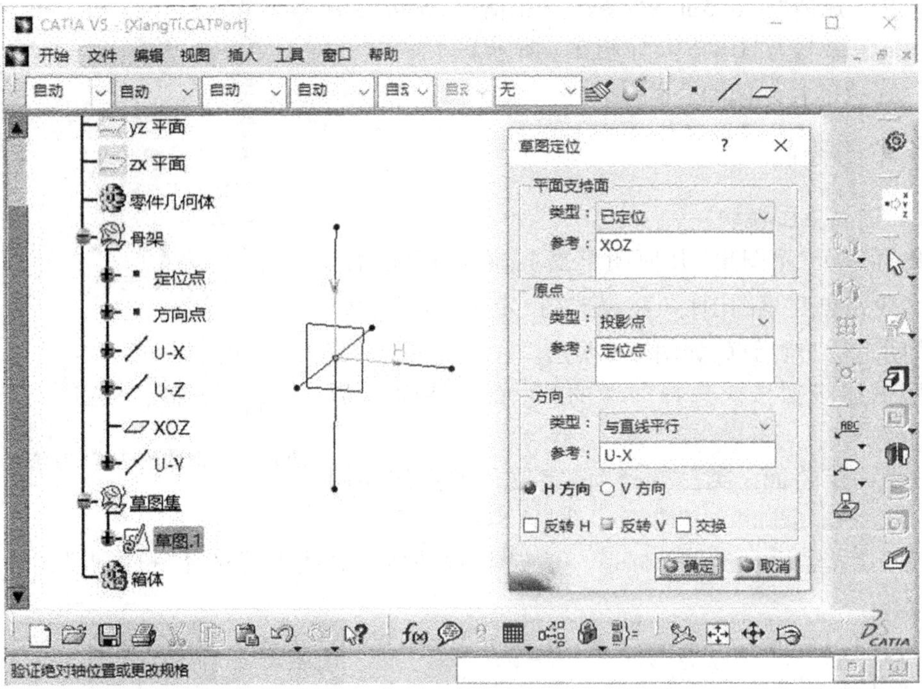

图 2-9 “草图定位”对话框

2.3.2.3 施加约束

目标：草图全约束。按住 Ctrl 键，首先选择两条竖线，再选中草图“V 轴”，“对话框中定义的约束”亮显，单击弹出“约束定义”对话框，选中“对称”，然后单击“确定”，完成两

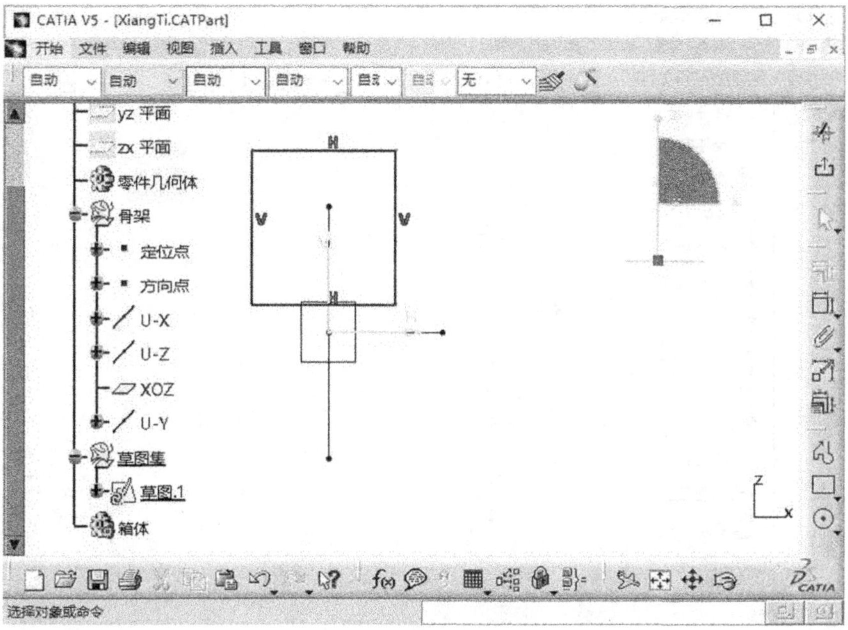

图 2-10　矩形轮廓

条竖线关于草图“V 轴”的对称约束，如图 2-11 所示。

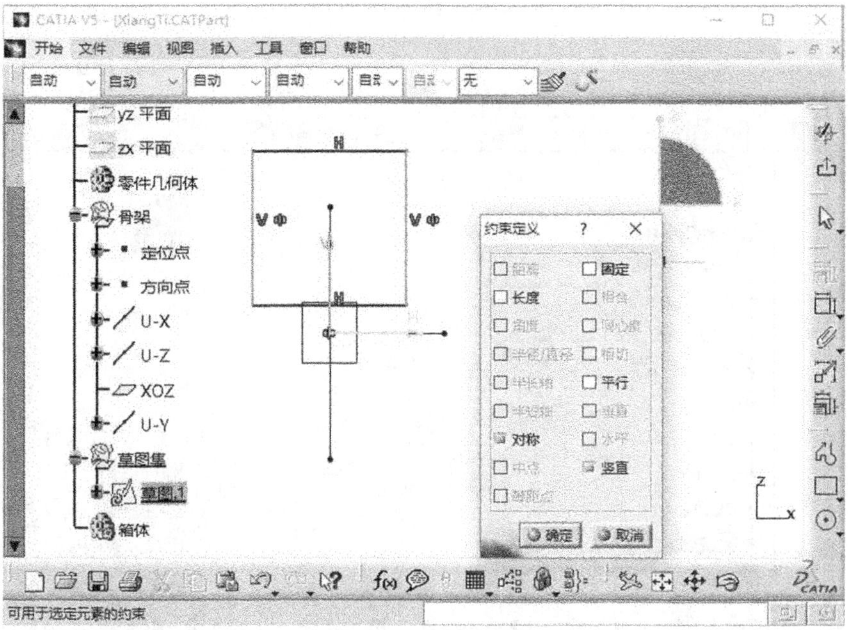

图 2-11　对称约束

按住 Ctrl 键，选择底部水平线和草图“H 轴”，单击“对话框中定义的约束”，单击弹出“约束定义”对话框，选中“相合”，然后单击“确定”，完成底部水平线和草图“H 轴”的相合约束。

单击“约束”，选择草图绘制的水平线和竖直线，生成尺寸约束。直至草图各元素全绿，表示全部约束（或称为等约束），如图 2-12 所示。

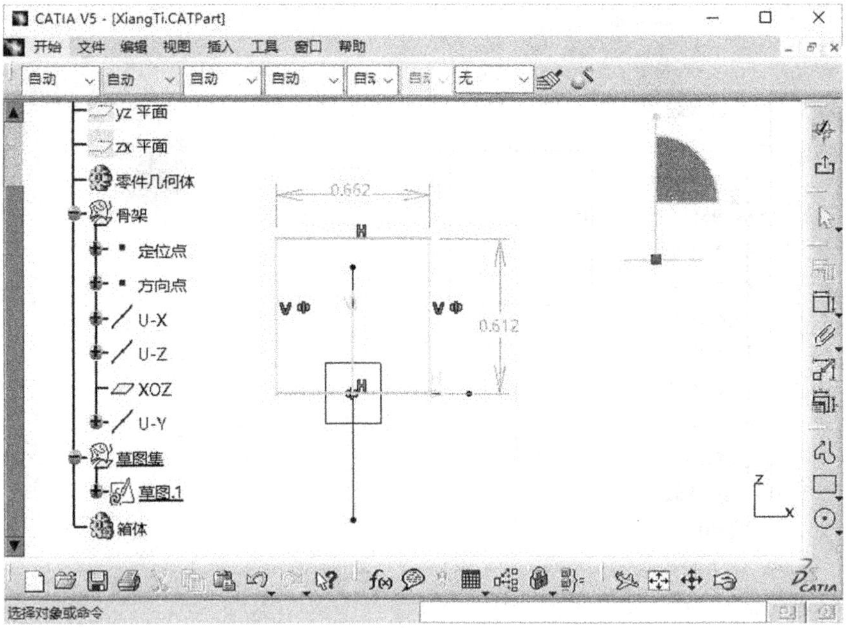

图 2-12　全部约束(等约束)

双击尺寸“约束” ，弹出“约束定义”对话框，修改尺寸数值，完成草图更新，如图 2-13 所示。

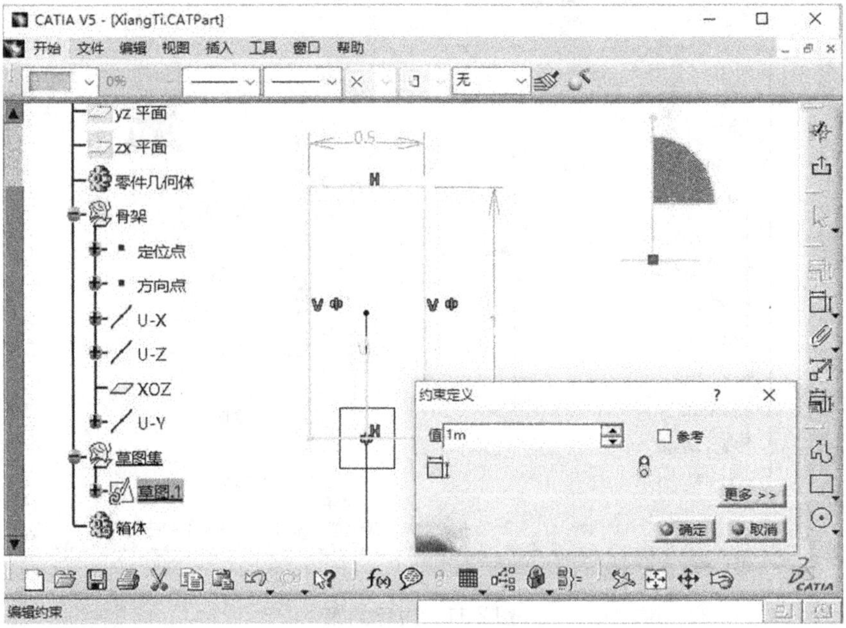

图 2-13　尺寸修改

单击“退出工作台” ，完成草图编辑，并重命名为“箱体 1”。

2.3.3 建模

将鼠标放至“箱体”几何体上，右键定义为工作对象。单击“凸台”，单击“定义凸台”对话框，“第一限制”中，“类型:”选择“尺寸”，“长度:”赋值“0.2 m”；“轮廓/曲面”中，“选择:”选择草图“箱体 1”，并勾选“镜像范围”，单击“确定”，如图 2-14 所示，完成箱体的凸台建模。

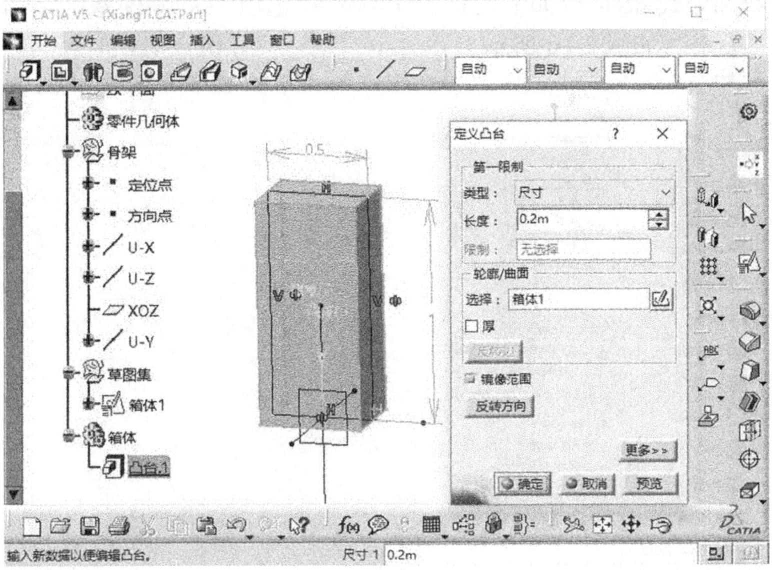

图 2-14 “凸台”建模

单击“拔模斜度”，弹出“定义拔模”对话框，“拔模类型:”选择常量；“要拔模的面:”选择凸台的顶面；“中性面:”选择凸台的侧面，如图 2-15 所示。

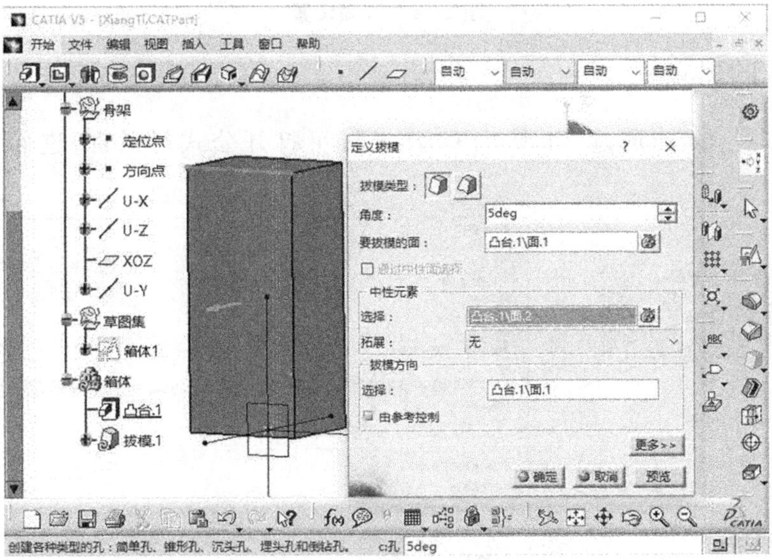

图 2-15 通过“拔模”修改模型

单击“确定”，完成箱体建模，如图 2-1 所示。

2.4　模型的参数化

参数是知识工程的基础，一个现有的模型如果想要进行最基本的变换，所需要的就是将模型中的重要控制尺寸和关联关系设置为参数。

若显示参数和公式，需进行如下设置，“工具”→“选项”→“零件基础结构”→“显示”中勾选“参数”和“关系”，如图 2-16 所示。

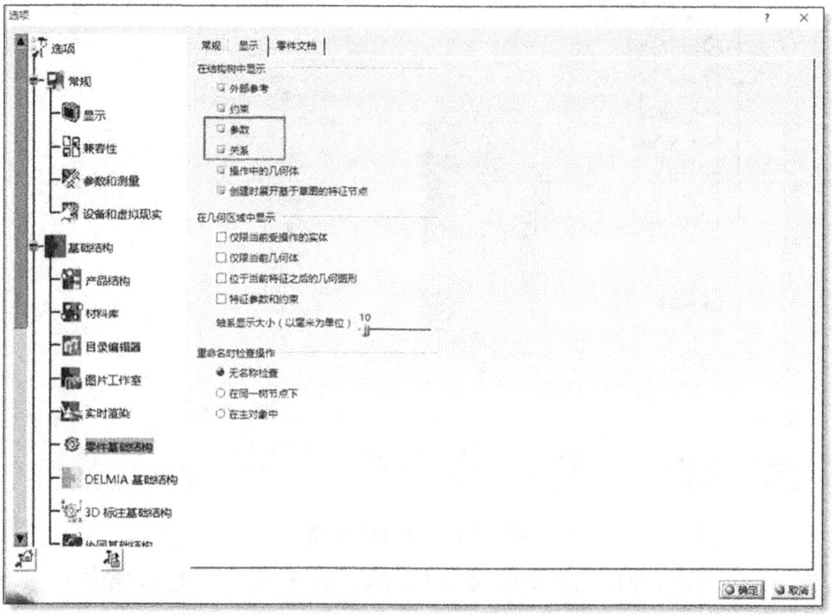

图 2-16　选项设置

2.4.1　参数的建立

单击“公式” f(x) 或通过“工具”→“公式”，可打开公式对话框，进而创建参数，如图 2-17 所示。

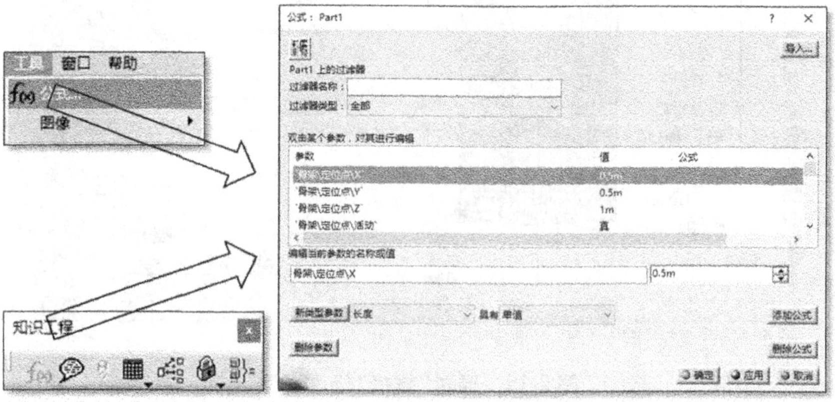

图 2-17　调用参数创建窗口

打开创建参数对话框，选择参数类型和值类型，如图 2-18 所示。要求参数类型与所关联的数值的单位一致。

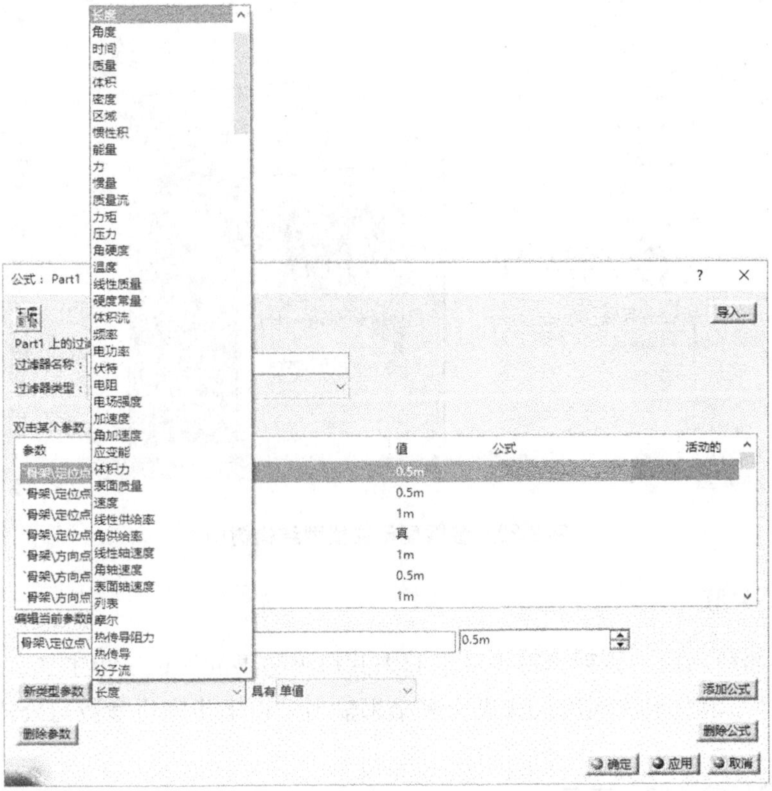

图 2-18　参数类型的选择

以下步骤为建立一个类型为“长度”，具有“单值”，名为“箱体高度”的参数。

打开创建参数对话框，参数类型选择“长度”，“具有”选择“单值”。

单击“新建类型参数”后，在“编辑当前参数的名称或值”中分别输入“箱体高度”和“1 m”，如图 2-19 所示。

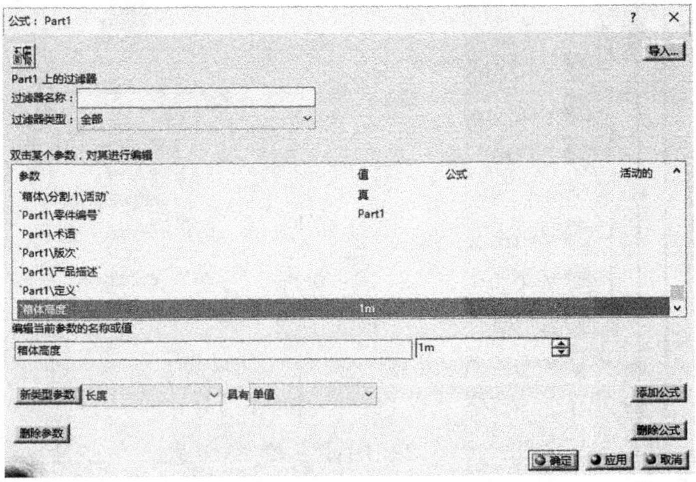

图 2-19　建立名为“箱体高度”的长度参数

单击“确定”后,参数“箱体高度 =1 m”在模型结构树“参数”中显示,如图 2-20 所示。

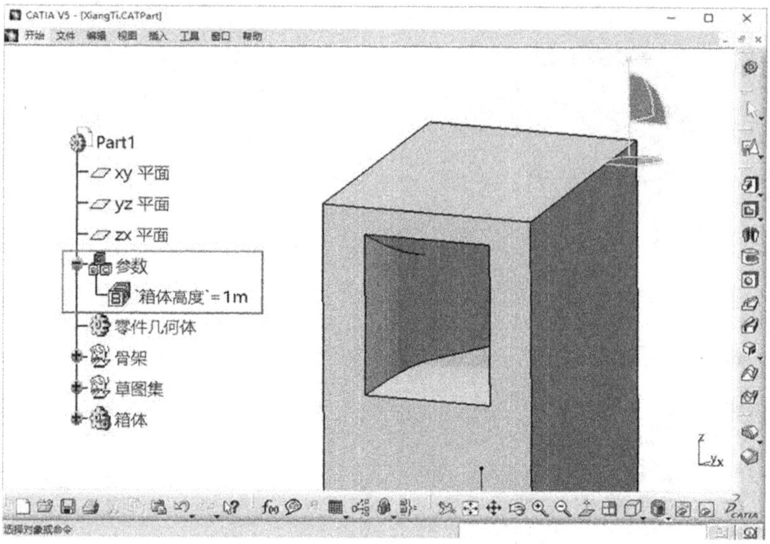

图 2-20　参数显示在模型结构树中

2.4.2　公式关联

公式是将参数利用一系列运算符联系起来并得出结果的知识工程工具。公式的特点是结果存在唯一性,因此无法利用公式进行多结果输出。以下步骤将参数与公式建立关联,实现模型的参数化。

2.4.2.1　参数与参数的公式关联

双击“骨架”几何图形集下“方向点”下的参数“Z”,弹出“编辑参数”对话框,如图 2-21 所示。

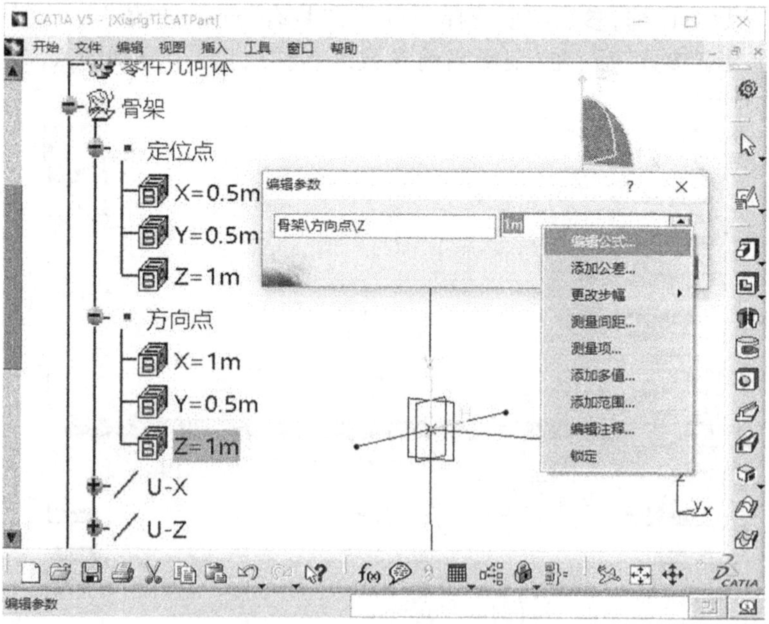

图 2-21　“编辑参数”对话框

在“编辑参数”赋值对话框中右键选择“编辑公式”，弹出“公式编辑器”对话框，选择“定位点”中的参数“Z”，单击“确定”，完成“方向点”和“定位点”参数“Z”的公式关联（注：参数的公式关联可在建模过程中关联，也可在模型建立后关联），如图 2-22 所示。

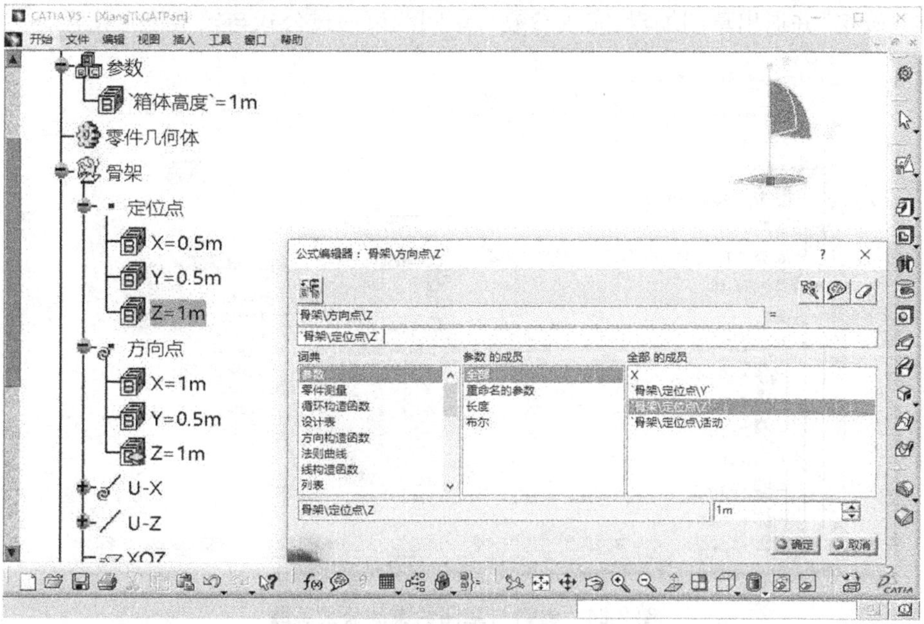

图 2-22　两点参数“Z”的公式关联

建立的公式在结构树“关系”中显示，如图 2-23 所示。

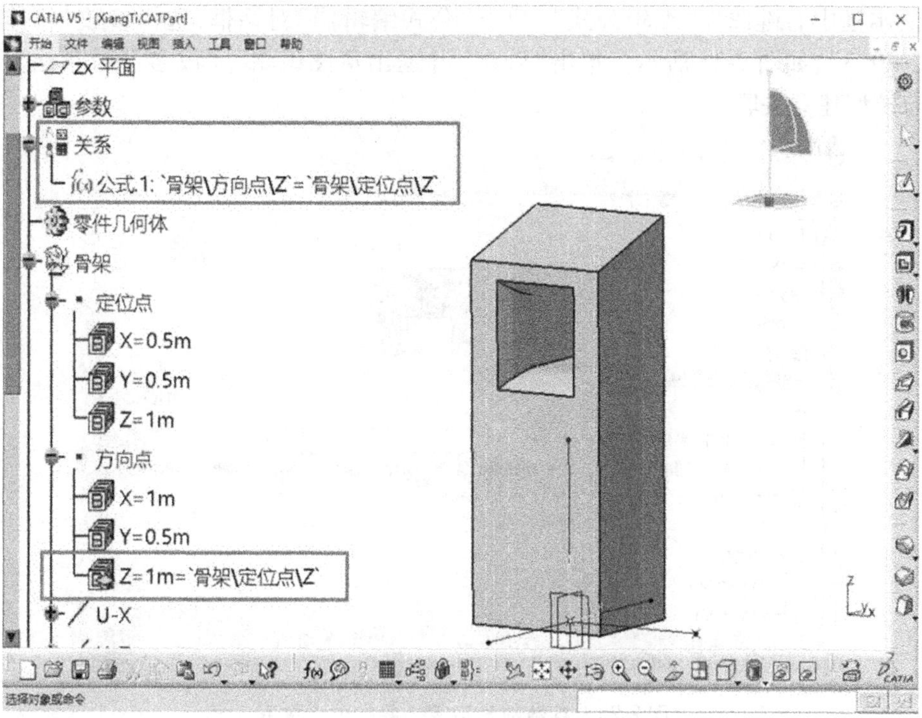

图 2-23　公式的显示

2.4.2.2 参数与草图约束的公式关联

双击“箱体”草图，进入草图绘制界面。双击竖向尺寸，弹出“约束定义”对话框，在“值”的文本框中右键选择“编辑公式”，如图 2-24 所示。弹出“公式编辑器”对话框，选择参数“箱体高度”，单击“确定”并退出草图编辑，完成参数与草图约束通过公式与模型建立关联。

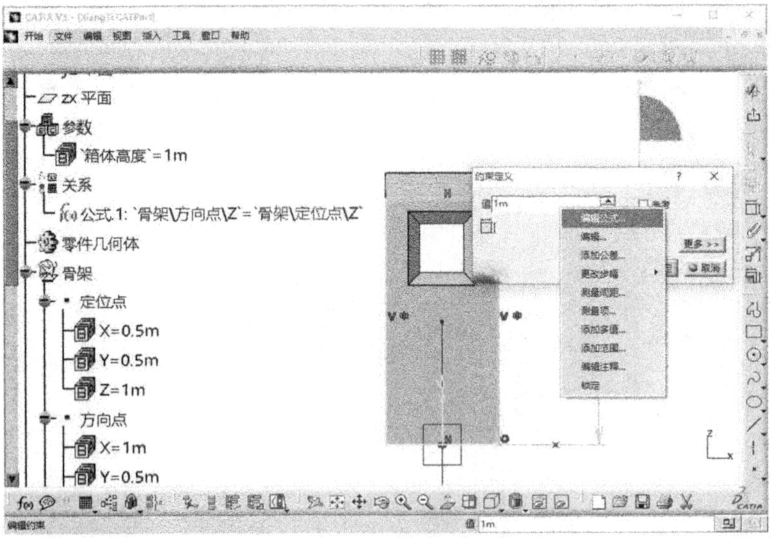

图 2-24　参数与草图约束的公式关联

2.4.2.3 参数数学运算结果的公式关联

双击“箱体”草图，进入草图绘制界面。双击横向尺寸，弹出“约束定义”对话框，在“值”的文本框中右键选择“编辑公式”，弹出“公式编辑器”对话框，选择参数“箱体高度”，再输入“ *0.5”，如图 2-25 所示。单击“确定”并退出草图编辑，完成参数数学运算结果通过公式与模型建立关联。

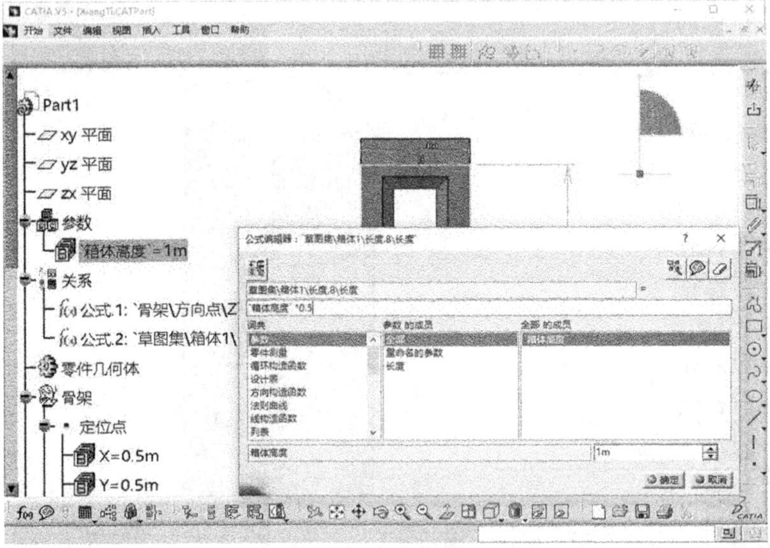

图 2-25　参数数学运算结果的公式关联

2.4.2.4 参数与特征的公式关联

双击“凸台.1”,弹出“定义凸台”对话框,在“长度:”对话框中右键选择“编辑公式”,弹出“公式编辑器”对话框,选择参数“箱体高度”,再输入“ ∗0.2”,如图 2-26 所示。单击“确定”并退出草图编辑,完成参数与特征的公式关联。

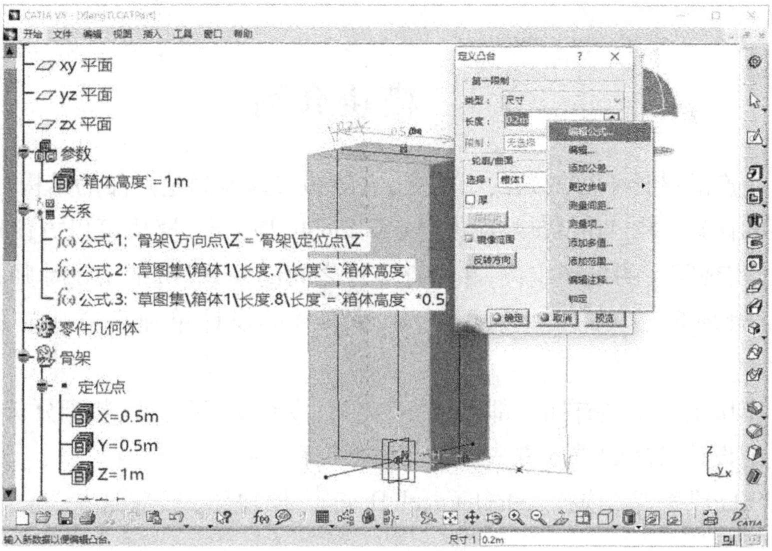

图 2-26 参数与特征的公式关联

2.4.3 参数更改驱动模型的更新

建立参数,并通过公式与模型建立关联的模型即为参数化模型,参数化模型可以通过修改参数驱动模型更新。例如,双击零件“XiangTi. CATPart”中名为 “箱体高度”的长度参数,将其值“1 m”改为“2 m”,单击“确定”,完成参数更改驱动模型的更新,如图 2-27 所示。

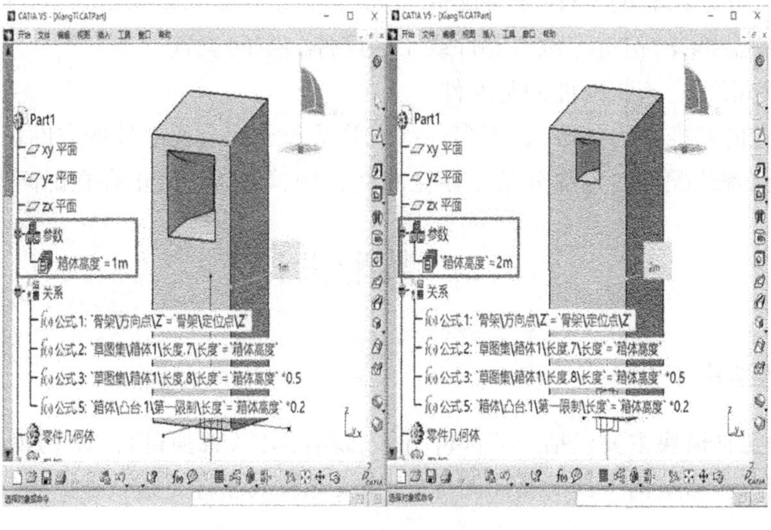

图 2-27 参数更改驱动模型的更新

第 3 章　装配建模

3.1　模块介绍

装配设计是产品设计不可或缺的一部分，它能够很好地制定产品的结构与特征，便于工程人员对产品的认知。CATIA V5 装配设计（Assembly Design）模块可以方便地定义零件之间的约束关系，实现零件的自动定位，并检查零件之间的一致性，帮助设计师自上而下或自下而上地定义、管理多层次的大型装配结构，使零件的设计单独环境和装配环境都成为可能。

装配设计模块主要功能有插入部件、约束定义、移动、装配特征、装配分析等。

CATIA 装配设计模块的进入方法通常有以下三种：

（1）通过“Start”菜单，选择“Mechanical Design”模块组，然后选择“Assembly Design”模块。

（2）通过“File”菜单，选择“New”新建文件，然后在文件类型列表中选择“Product”，创建新的装配件。

（3）通过工作台设置，将“Assembly Design”模块列入常用模块，在需要时通过工作台图标切换至装配件设计模块。

装配设计一般按照以下步骤进行：

（1）插入或新建已有的零件/子装配件。

（2）利用罗盘拖曳，初步定位各零件或子装配件的空间位置。

（3）利用约束固定该装配件的基准件。

（4）以固定的基准件为参照，利用多种约束关系确定其余各部件的空间位置。

（5）分析检查装配件的各部分是否存在冲突、间隙等问题，修正存在的问题。

3.2　装配设计

3.2.1　产品结构工具

产品结构工具模块主要包括新建部件、插入现有部件、替换部件、结构树重新排序和多实例化等功能。产品结构工具的具体图标、中英文名称及备注见表 3-1。

表 3-1 产品结构工具

图标	中文名称	英文名称	备注

	部件	Component	保存不产生文件,存在于上级产品中
	产品	Product	保存产生后缀名为 CATProduct 的文件
	零件	Part	保存产生后缀名为 CATPart 的文件
	现有部件	Existing Component	插入后,定位于原始坐标位置
	具有定位的现有部件	Existing Component With Positioning	同“现有部件”,但可以指定插入位置,不受原始坐标系限制
	替换部件	Replace Component	替换现有部件
	结构树重新排序	Graph Tree Reordering	对产品的结构树进行重新排序
	生成编号	Generate Numbering	在产品属性页面生成名为“编号”的属性
	选择性加载	Selective Load	可仅加载部分部件
	场景管理	Manage Representations	—
	快速多实例化	Fast Multi Instantiation	除原始元素外,多实例化的部件实际并不存在,仅为原始元素的镜像,因此无保存文件
	定义多实例化	Define Multi Instantiation	

在已有的装配中可以插入新部件、产品、零件或已存在的部件,具体方法是点击新部件、产品或零件按钮,选择结构树上的一个产品或者部件,即可创建一个新部件;若在已有的装配中插入已存在的部件,可点击按钮,选择结构树上的一个产品或者部件,在弹出的对话框中选择现有部件,即可插入。

3.2.2 移动工具

移动工具模块主要分为三部分:移动和定位产品(操作、捕捉、智能移动)、分解及碰撞时停止操作。移动工具的具体图标、中英文名称及备注见表 3-2。

表 3-2　移动工具

图标	中文名称	英文名称	备注

	操作	Manipulation	手动方式对部件进行平移和旋转操作
	捕捉	Snap	通过选择部件,使其在已有约束下自动移动
	智能移动	Smart Move	选择要约束的部件,自动移动部件,并自动创建约束
	分解	Explode	—
	碰撞时停止操作	Stop Manipulate on Clash	选中后,如几何体相碰则停止操作,无法穿过部件

下面对操作、捕捉及智能移动做简单说明。

3.2.2.1　操作

单击图标,弹出如图 3-1 所示的窗口。

图 3-1 中操作分为三种类型,第一行为沿直线移动,第二行为沿平面移动,第三行为沿轴线旋转。

当选中"遵循约束"时,将不能对已经约束的自由度进行操作。例如:两个部件的直线边已使用相合约束,则这两个部件在该直线边处无法进行非同轴操作。

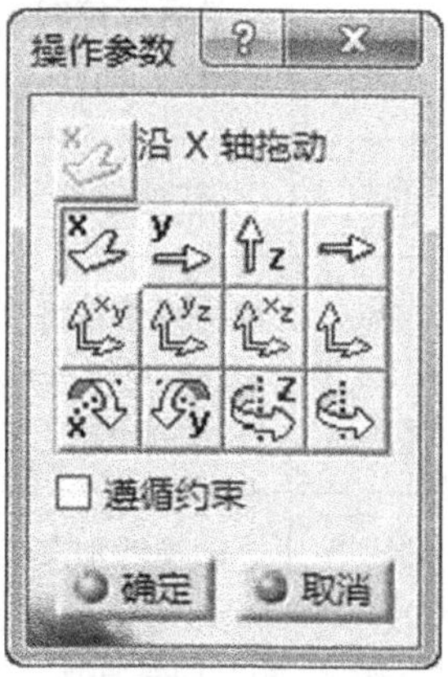

图 3-1　操作窗口

3.2.2.2　捕捉及智能移动

捕捉可以快速地将后选择的元素所在部件,快速地移动到先选择元素所在部件的位置。点击图标,选择要固定部件上的元素,然后选择要移动部件上的元素,结果见表 3-3。

表 3-3　捕捉结果

先选择元素	后选择元素	结果
点	点	投影到同一点
点	线	点投影在线上
点	平面	点投影在平面上
线	点	线通过点
线	线	两根线在同一直线上
线	平面	线投影在平面上
平面	点	平面通过点
平面	线	平面通过线
平面	平面	两个平面重合

智能移动是捕捉和操作的结合体,可以快速地对当前位置关系混乱的各个部件进行自动移动并创建约束。点击图标,会弹出如图 3-2(a)所示的对话框,如选择"自动约束创

建”,则会在移动结束后自动创建相关约束。点击“更多 > >”,会弹出如图 3-2(b)所示的对话框,在这里可以选择约束创建的优先顺序。

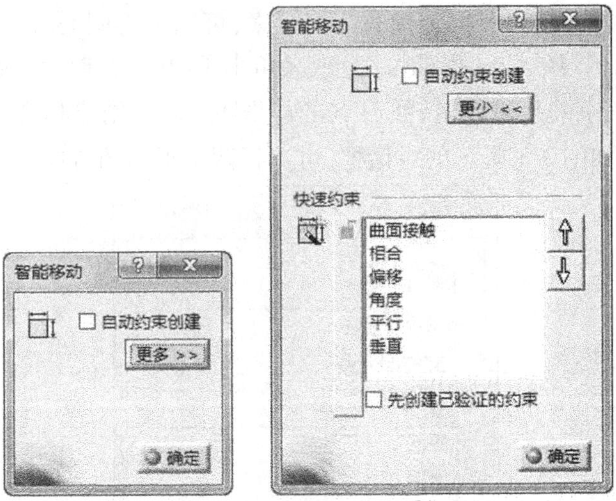

(a) (b)

图 3-2 智能移动

3.2.3 约束

部件之间常用的约束有相合、接触、偏移、角度、固定等。约束工具的具体图标、中英文名称及备注见表 3-4。

表 3-4 约束工具

图标	中文名称	英文名称	备注
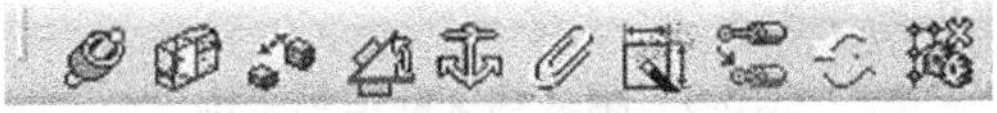			
	相合约束	Coincidence Constraint	用于对齐元素
	接触约束	Contact Constraint	在两个平面或曲面之间产生接触约束
	偏移约束	Offset Constraint	在两个元素之间建立平行且具有一定距离的约束
	角度约束	Angle Constraint	在两个线或者面之间建立有一定角度的约束
	固定约束	Fix Constraint	用于固定空间位置
	固联	Fix Together	将两个元素绑定在一起
	快速约束	Quick Constraint	选择两个元素,自动创建约束
	柔性/刚性子装配	Flexible/Rigid Sub - Assemblies	—
	更改约束	Change Constraint	选择已有约束进行更改
	重复使用阵列	Reuse Pattern	使用在零件中已创建的阵列对现有部件进行阵列

下面对相合约束、接触约束和关联等工具进行简单说明。

3.2.3.1　相合约束

相合约束用于对齐元素，根据选择的几何元素，可以获得同心、同轴或共面约束。当两个几何元素的距离小于 10^{-6} m（标准尺度）或夹角小于（10^{-6}）°时，系统认为它们是重合的。

选择需要进行约束的几何元素，然后点击图标，即可创建相合约束。如果选择的是两个平面，则会弹出如图 3-3 所示的对话框，可选择两个平面的方向。

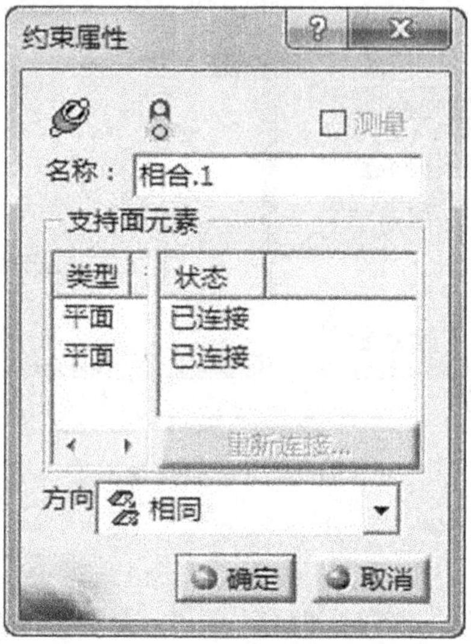

图 3-3　相合约束的属性

将几何元素的轴和轴重合，鼠标靠近具有轴线的几何特征（圆孔、圆柱等）时，系统会显示轴线。

相合约束的适用范围见表 3-5。

表 3-5　相合约束的适用范围

元素	点	直线	平面	曲线	表面	轴系
点						
直线						
平面						
曲线						
表面						
轴系						

注：1. 平面包括平面、几何平面、几何体的外表平面等。
2. 直线包括直线、几何体的直线边、圆锥的轴线、圆柱的轴线等。
3. 曲线必须是几何体上的曲线或者曲面上的曲线。
4. 表面包括曲面、几何体的外表曲面等。
5. 轴系必须有一定的规律（左手轴系或右手轴系）。

3.2.3.2　接触约束

接触约束用于对公共区域的两个面（平面或者曲面）生成互相接触的关系。接触约束可以是几何体平面之间的面接触、曲面与几何体平面之间的线接触、曲面与曲面之间的线接触或点接触。

选择需进行约束的几何元素，然后点击图标，即可创建接触约束。创建时，会弹出如图 3-4 所示的“约束属性”对话框，可选择对应的接触类型（点接触、线接触、曲面接触）和方向（内部或者外部）。

图 3-4　接触约束的属性

接触约束的适用范围见表 3-6。

表 3-6　接触约束的适用范围

元素	平面	球面	圆柱面	圆锥面	圆环
平面					
球面					
圆柱面					
圆锥面				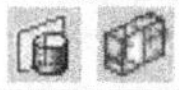	
圆环					

注：1. 球面与球面、圆柱面与圆柱面、圆锥面与圆锥面仅当同一位置的圆的直径相同时能够使用面接触。
2. 球面与圆锥面、球面与圆环、圆锥面与圆环的线接触为环形接触。

3.2.3.3　偏移约束

偏移约束就是在两个元素间设定一个间距，点、线、平面之间均可使用偏移约束。

偏移约束使用的方法与相合约束类似，选中要偏移的元素，然后点击图标，在弹出的对话框（见图 3-5）中，选择合适的距离和相关属性即可。

3.2.3.4　角度约束

角度约束就是在两个线性元素（直线、平面、几何体的直线边、几何体的平面等）之间设定角度。

角度可以是垂直、平行的或者呈一定的角度。角度约束的使用方法与偏移约束相同，选

(a) (b) (c)

图 3-5 偏移约束的属性

中需要的元素，然后点击图标，在弹出的对话框（见图 3-6）中，选择合适的角度。如果是平面，还需选择扇区（两个平面形成四个扇区）。

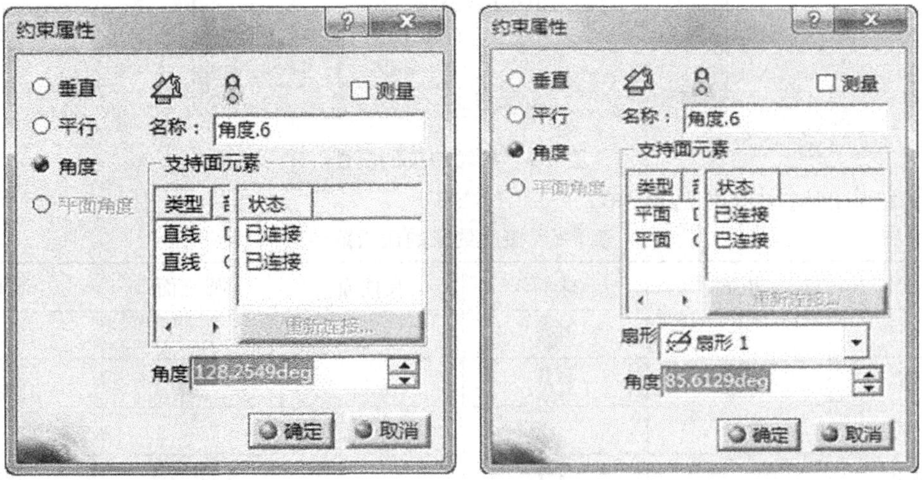

图 3-6 角度约束的属性

3.2.3.5 **固定约束**

固定约束是将产品固定到一个相对位置，使其不移动的约束。

固定约束分为两类：一类是在空间中固定，另一类是相对位置固定。

选中需要固定的部件，然后点击图标。默认情况下使用的是在空间中固定，如果想使用相对位置固定，则需单击结构树上的图标，在弹出来的“约束定义”对话框（见图 3-7）中，将“在空间中固定”的勾选取消。

3.2.3.6 **固联**

固联是将两个或者两个以上的部件之间的相对关系（距离、角度等）固定下来，对其中任一个进行的操作都会对固联在一起的其他部件同步操作，而固联在一起的部件之间的相对关系不会改变。

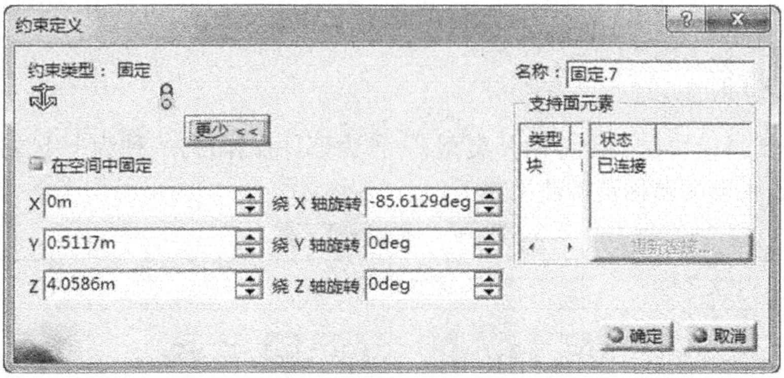

图 3-7　固定约束的定义

设置固联的方法为，点击图标，在弹出的对话框（见图 3-8）中，依次选择需要固联的部件，然后点击“确定”即可。

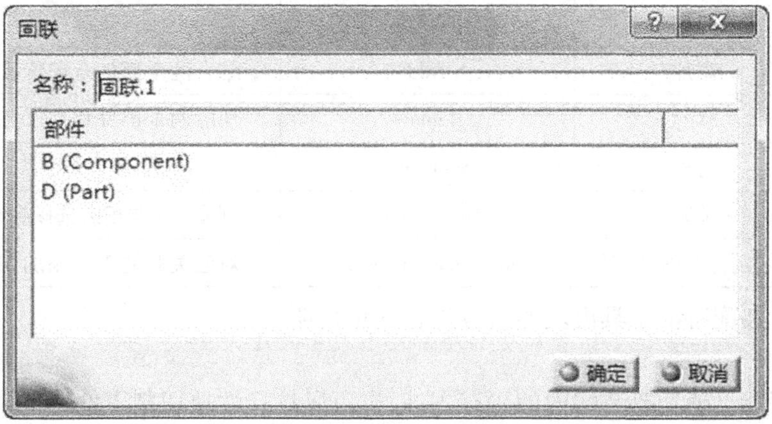

图 3-8　固联的创建

需要固联的部件应在同一父级下，且级别相同（不允许跨父级产生固联）。

同一父级下所有的子级默认是固联的，即对父级的约束，对所有子级均有效。

3.2.3.7　柔性/刚性子装配

柔性/刚性子装配可应用于包含若干子部件的部件（包含子集，可以是部件或者产品，不能是零件），但该部件不能为根产品（最高级别的产品）。

其主要作用是将子装配从其父级装配中独立出来，使其能在父级装配中移动；更新父级装配不影响它的子装配，更新子装配也不影响它的父级装配。

在结构树上点击需要独立的部件（子装配），点击图标，看到变成图标，即完成柔性装配，如需取消柔性装配，选中子装配，然后点击图标，忽略警告即可。

3.2.3.8　更改约束

如果需要对约束进行更改，可使用更改约束命令。选择需要更改的约束，然后点击图标，在弹出的对话框（见图 3-9）中，选

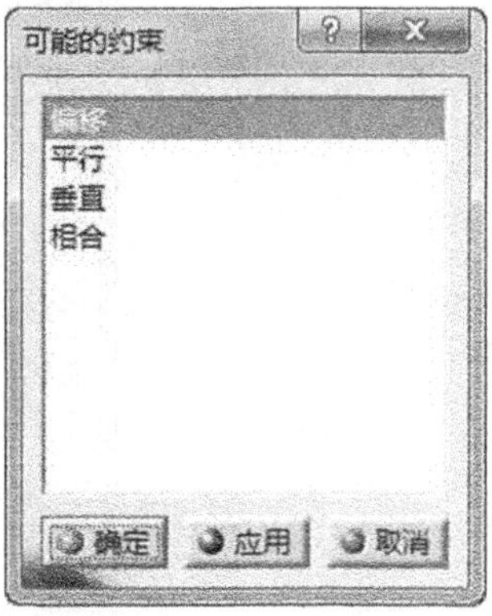

图 3-9　更改约束

择需要更改成的约束,点击“应用”或“确定”即完成约束的更改。

3.2.4　装配特征

装配特征工具模块主要分为两种类型:一种为部件操作,另一种为上下文操作。装配特征的具体图标、中英文名称及备注见表3-7。

表3-7　装配特征工具

图标	中文名称	英文名称	备注

	分割	Split	利用零件内的几何元素对其他部件进行切割
	孔	Hole	对一个或多个部件进行打孔
	凹槽	Pocket	对一个或多个部件进行开槽
	添加	Add	结合两个部件全部特征并创建新结果
	移除	Remove	切除两个部件相交部分并创建新结果
	对称	Symmetry	—
	关联	Associativity	创建一个与现有选择部件相关联的零件
	添加到已关联的零件	Add to Associated Part	对已关联的零件添加相关内容

下面针对装配特征工具模块的内容进行详细说明。

3.2.4.1　分割

装配分割能迅速切割装配内的所有零件,也可以选择性地切割零件。

使用切割时,首先点击图标,然后选择切割元素(平面、曲面、几何体的面)或零件中已有的切割(自动提取切割元素),在弹出的对话框(见图3-10)中利用选中和取消选中按钮选择需要切割的部件,然后点击“确定”。

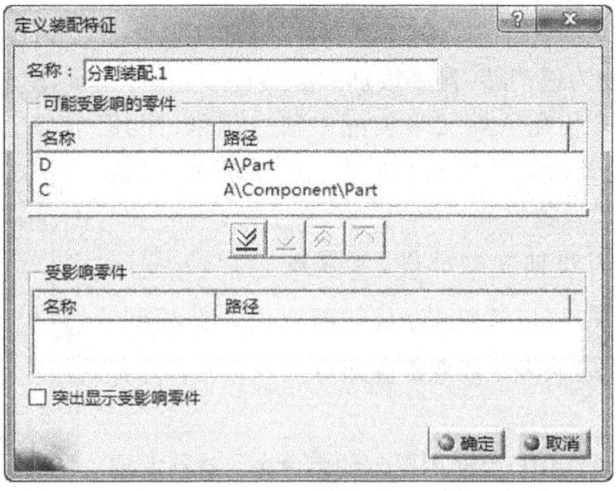

图3-10　分割的定义

当选中“突出显示受影响零件”时，所有在“受影响零件”列表中的部件将会自动高亮显示。

3.2.4.2 孔及凹槽

孔命令允许针对装配创建各种形状的孔，并且可以选择穿过不同的零件。凹槽命令允许在装配上创建各种形状的凹槽，并且可以根据外形轮廓除去零件上的材料。

孔命令在使用时，需要选择一个平面或者几何体上的平坦面，然后选择直线或者点来定位孔；也可以在现有零件上选择一个孔，通过提取该孔所在的平面、轴线及半径在所选择的部件上打孔。具体参见图 3-11 及图 3-12。

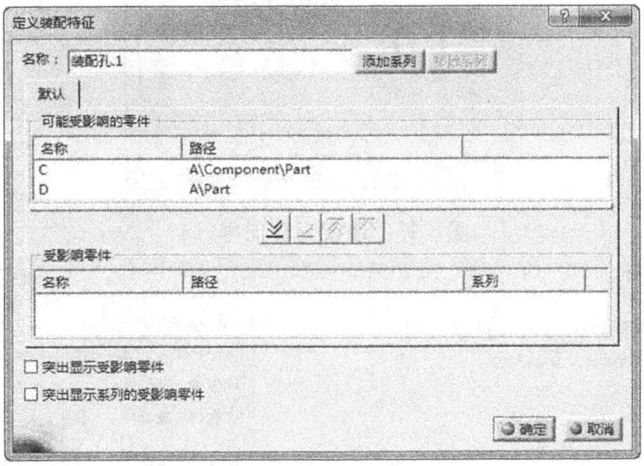

图 3-11 装配孔的定义

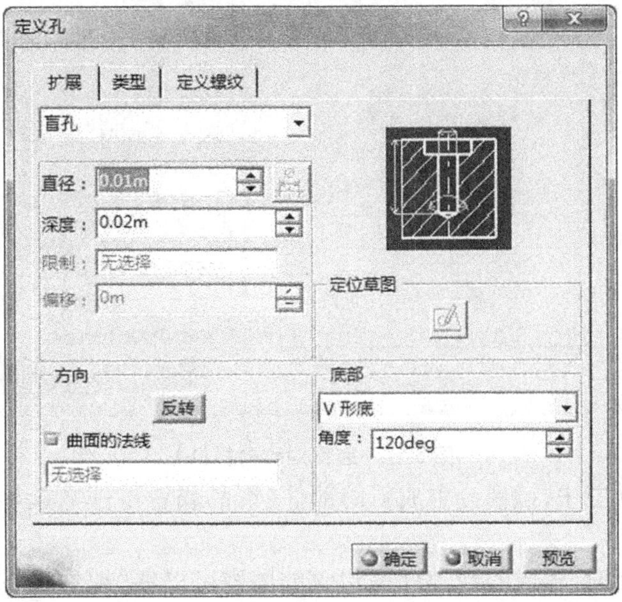

图 3-12 孔的定义

凹槽命令在使用时，需要选择一个轮廓（草图或提取的闭合边界），然后点击“确定”来完成操作；或者选择已经存在的凹槽（现有的零件中），通过该凹槽的轮廓对所选部件进行凹槽操作。

3.2.4.3　**对称**

对称包含三种功能，分别为镜像、旋转和平移。

具体操作如下：点击图标，出现如图 3-13 所示的对话框。首先选择一个平面，然后选择需要进行变换的部件，则会弹出如图 3-14 所示的对话框，在对话框中选择所需的对称方式后点击“完成”结束操作。

图 3-13　装配对称向导(a)

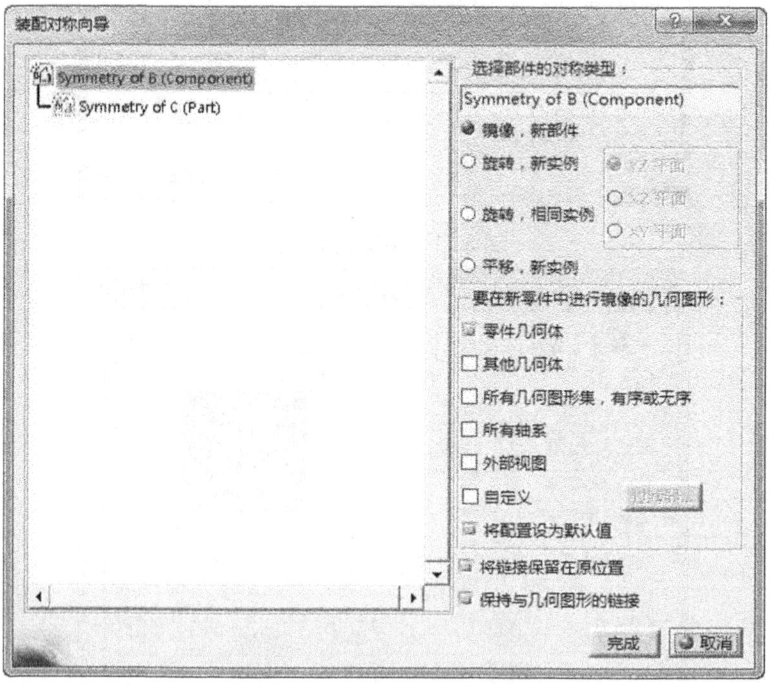

图 3-14　装配对称向导(b)

在对称的三种功能中，镜像会生成新的部件（产品或者零件），旋转和平移则不会生成新的部件。

在使用镜像功能时，生成的新部件中包含的内容可以在“要在新零件中进行镜像的几何图形”选项页中进行定义，默认情况下仅对零件几何体进行镜像。

旋转操作的旋转轴是所选平面与系统平面（XY 平面、YZ 平面及 ZX 平面）的交线。

新实例指生成新的实例（和部件相对应），相同实例指对原始部件进行操作。

3.2.5 保存管理

在装配设计中,为了更好地管理文件存放路径,应使用“保存管理”进行保存。

通过“文件”→“保存管理”即可打开对话框,如图 3-15 所示。

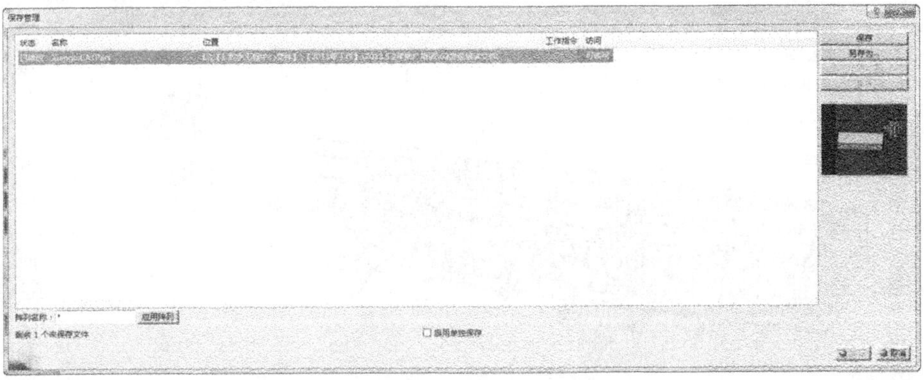

图 3-15 保存管理

第一次保存文件时,需要通过“另存为”指定放置位置;以后只需对“状态”为“已修改”的文件单击“保存”,确定后即可完成对所有文件的保存。

3.3 实 例

下面以泵站厂房中装配水机设备为例,将 CATIA 水机设备模型“SJSB”装配到土建文件“YHD - BIM - A”相应位置,以下详细讲解装配设计步骤:

步骤一:创建 CATIA 产品文件“YHD - BIM. CATProduct”,进入到装配设计模块,如图 3-16 所示。

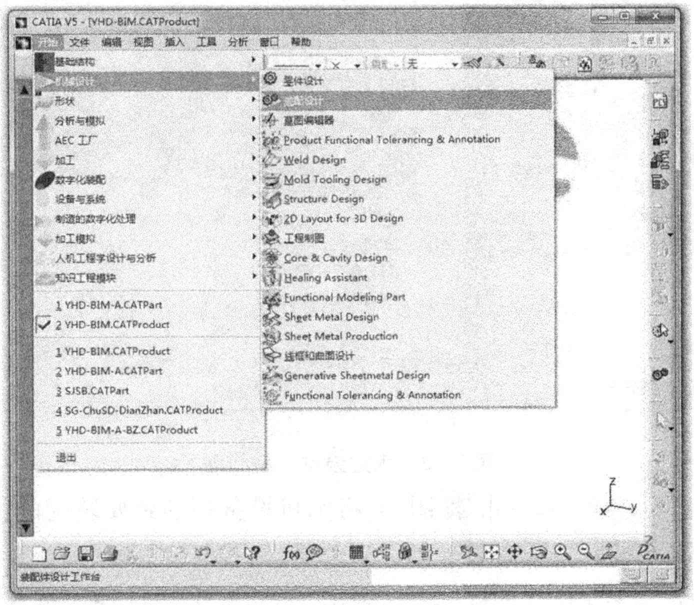

图 3-16 进入装配设计模块

步骤二:点击现有部件图标“”,导入现有的泵站厂房文件“YHD - BIM - A. CATPart”和水机设备文件“SJSB. Part”,如图 3-17 所示。

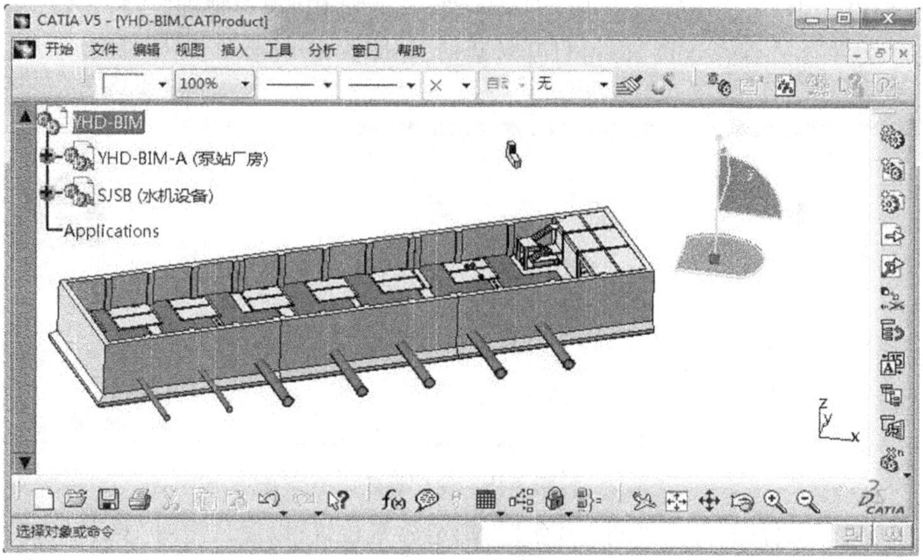

图 3-17　导入泵站厂房和水机设备模型

步骤三:固定泵站厂房模型“YHD - BIM - A. Part”,如图 3-18 所示。

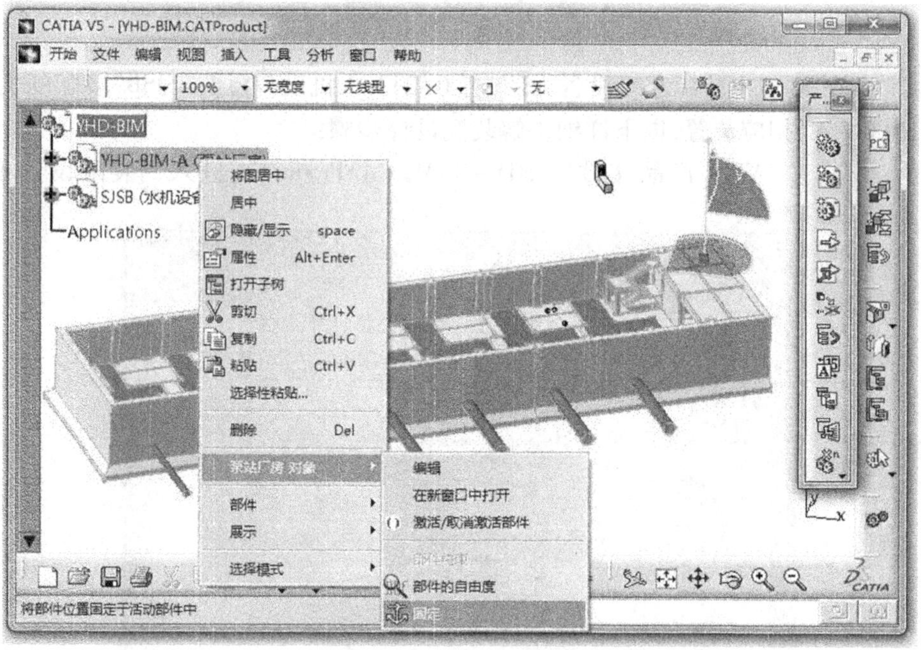

图 3-18　固定泵站厂房模型

步骤四:在移动工具条中,单击图标,将水机设备移动到要装配的位置,然后利用约束工具中的约束命令,将水机设备装配到适当位置,如图 3-19 所示。

步骤五:点击定义多实例化图标“”,弹出“多实例化”对话框(见图 3-20),按照设计

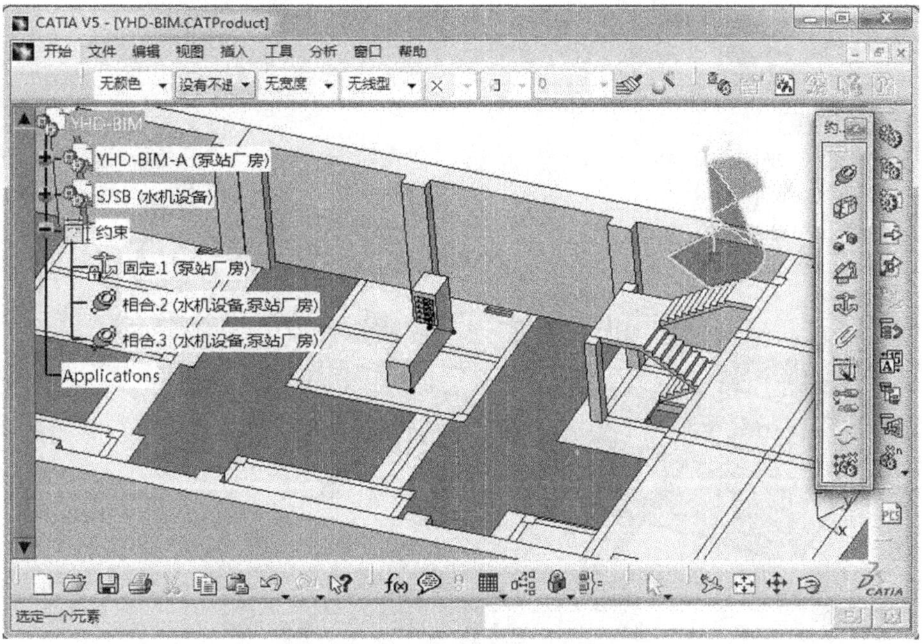

图 3-19　完成水机设备装配

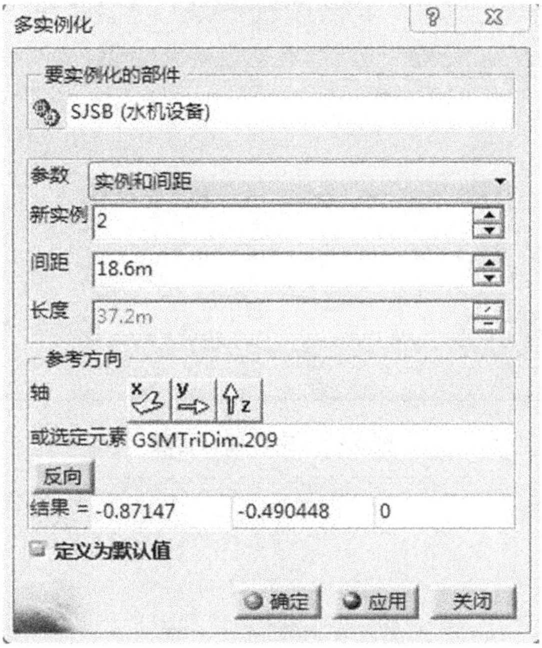

图 3-20　“多实例化”对话框

填写相关参数,完成水机设备的布置,如图 3-21 所示。

步骤六:通过保存管理,保存该文件,如图 3-22 所示。

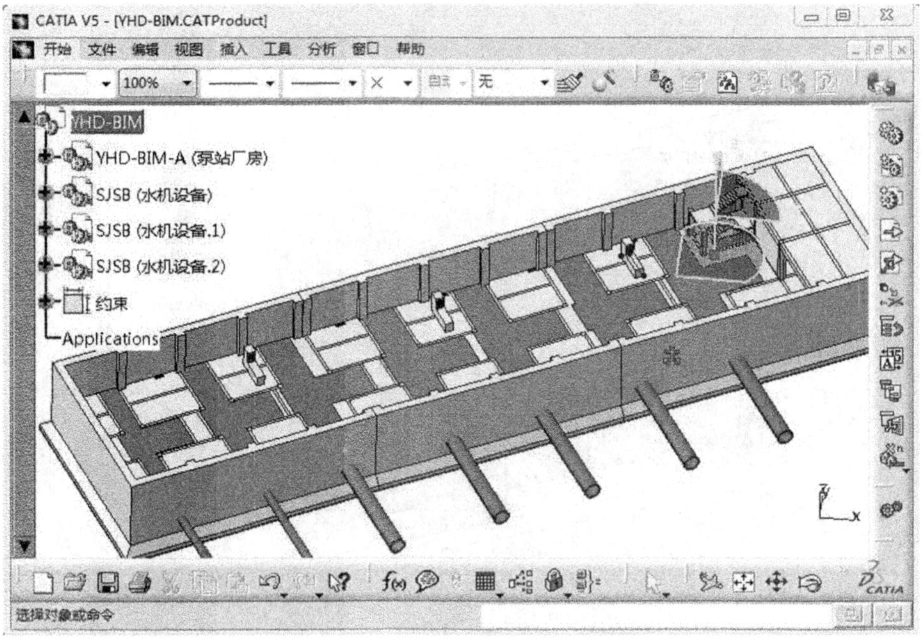

图 3-21　完成水机设备的布置

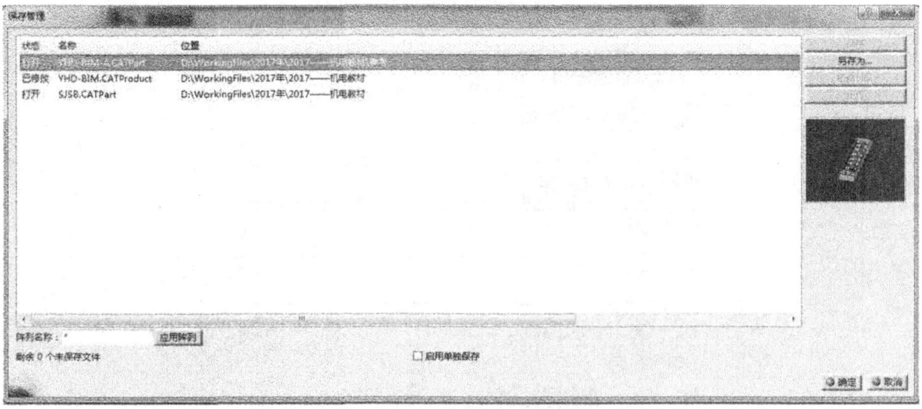

图 3-22　文件保存管理

第 4 章　资源管理

4.1　简　介

对于工程设计而言，不同的国家、地区及不同类型的工程，其采用的规格、标准并不一定一致，因此一个成熟的软件需要通过组合不同的数据来完成专业、标准、规格的切换，以满足不同的工程设计要求。同时，协同设计要求不同的设计方采用统一的标准来完成相关工作，这就要求设计软件需要具有对单个项目提供统一的设计资源的能力。

本章主要介绍如何利用 CATIA V5 提供的资源管理工具实现基于文件结构的公共资源管理，从而实现多人协同工作时的项目级资源协调和调用。

4.2　资源管理结构

4.2.1　基本概念

对于 CATIA 软件来说，通常通过版本(Code)、项目(Project)及站点(Site)三个角度来实现资源的协同管理。通过以上三类配置文件的定制，可以有效地实现公司级、项目级的双层标准管理，并可实现不同版本 CATIA 之间的标准继承。

CATIA 软件通过站点(Site)和项目(Project)两个不同的层次来实现对公共资源和独立资源的控制。其中，站点(Site)级别主要用来控制公共资源，主要是那些不随项目改变而改变的数据和设置；而项目(Project)级别主要用来控制特定项目的资源，主要包括一些设计数据、设置等随项目改变而改变的内容。

对于多个不同版本的 CATIA 软件，在进行设置过程中，一般采用版本(Code)来进行设置。通过该参数来控制不同的 CATIA 软件版本的数据和设置保存的位置。总的来说，用户通过版本(Code)来实现项目对 CATIA 软件版本的选择，通过站点(Site)和项目(Project)来实现对数据和设置的获取。CATIA 软件的自定义数据主要通过图 4-1 所示的模式实现整体管理。

下面以创建一个名为“YREC”的站点为例，并在该站点下创建“BASE”项目为例，创建一个示例站点结构，如图 4-2 所示。

在整个文件夹结构中，YREC 目录为站点文件夹，YREC. DB 为项目集文件夹，在这个文件夹下面存放有若干与站点文件夹相关联的项目，而 BASE 为其中一个项目。

需要注意的是，CATIA 的资源管理是通过一系列的文件夹、资源文件和资源管理文件(Project. xml)共同实现的。资源管理器通过对资源管理文件的解析，从而获得所有资源所在的文件夹和资源文件的结构，从而在工作台中调用这些资源。因此，需要保证所有在资源管理文件中所写入的所有内容都有文件夹或文件与之对应，且类型相符(指向文件夹的不

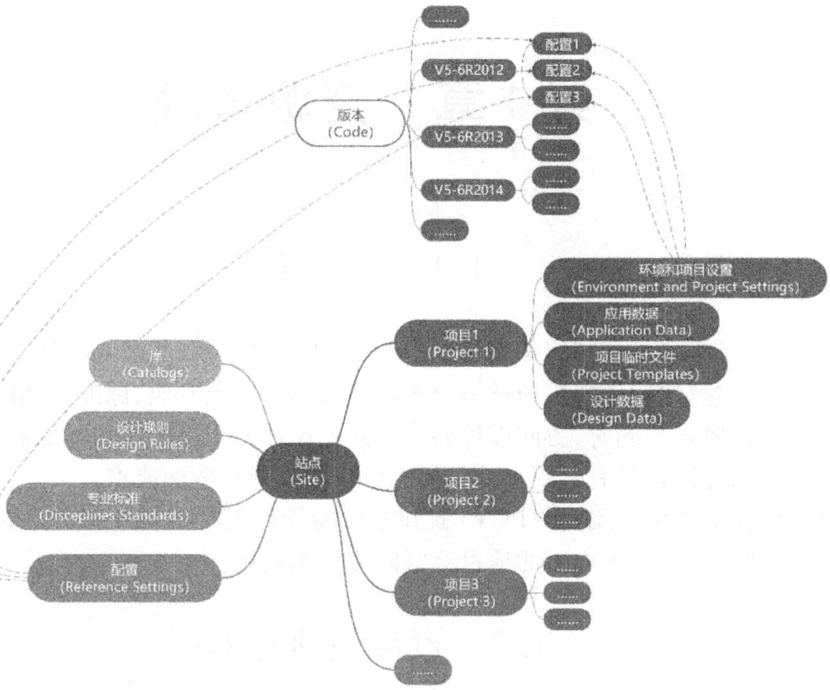

图 4-1　CATIA 软件的自定义数据结构

能指向文件）。

项目资源管理器的相关信息会在 4.4 节中详细介绍。

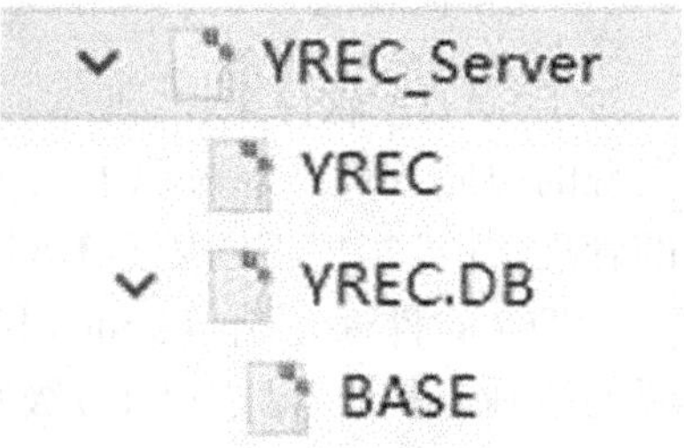

图 4-2　典型站点结构

4.2.2　站点结构

通常来说，站点需要配置“资源”（resources）和“配置”（setup）两部分内容，而“知识工程”（knowledge）部分则是选配内容。常见的站点结构如图 4-3 所示。

其中，“资源”部分主要配置三部分内容，分别为“图形资源”、“消息资源”和“标准”。“配置”部分主要是“部件配置”和“设备及系统配置”。而“知识工程”部分主要为“3D 知识规则”和“原理图知识规则”。

在进行站点资源的配置时，需要记得的是，所有以上资源均为通用资源，因此不要将一些项目及个人所需的个性化资源放置到站点层的资源列表中。通常可以将 CATIA V5 默认的配置文件复制到制定的路径来创建基础的站点资源，具体复制路径如所表 4-1 所示。

需要注意的是，如果不打算配置所有的模块（如管路模块——Piping、仪管模块——Tubing、暖通模块——HVAC、结构模块——Structure、波导模块——Waveguild 等），则仅需要对站点结构定制所需的模块资源进行复制。

完成以上内容的拷贝就可以构建出初步的站点结构，从而为下一步进行设备及系统的专业化定制打下基础。

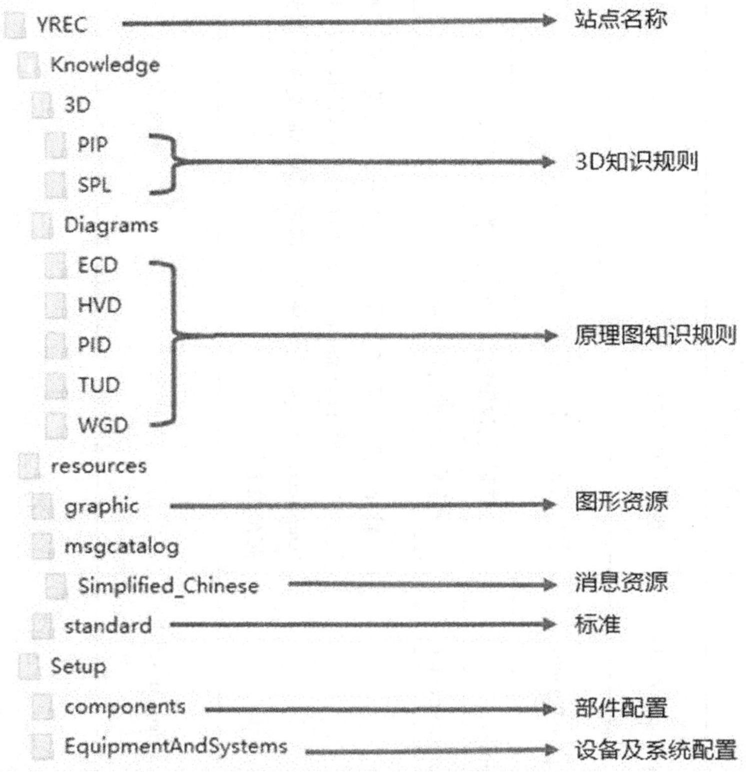

图 4-3　常见的站点结构

4.2.3　项目结构

一个完整的项目结构包含四个主文件夹，分别为环境和启动文件（CATENV）、项目引用CAITA 设置（CATSettingsRef）、设计数据（DesignData）和环境设置（ProjectSettings）。这四个文件夹分别对应项目启动方式、启动设置、启动数据和数据结构。常见的项目基本结构见图 4-4。对于部分需要按专业建立文件夹结构的内容，见图 4-5。对于环境和启动文件、项目引用的 CATIA 设置部分将在 4.3 节中进行详细介绍，对于环境设置将在 4.4 节中进行详细介绍。

对于一个项目来说，需要对设计数据进行定制，然后利用项目资源配置文件（本示例中为 SE. xml）来实现设计数据与 CATIA 功能的链接，从而让 CATIA 能够按照期望的方式调用需要的设计数据。

通常来讲，整个项目的机构需要专门的项目管理员来进行配置，主要原因在于，对于项目来说，其中存储的数据应为整个项目通用的数据，因此不能将一些个人数据放置到项目路径中。对于个人设计相关的且需要与其他人共享的数据，则可以通过项目管理员将相关数据配置到对应的项目数据目录中。

对于部分数据，如“逻辑线路”（Lines）、“专业结构引用数据”（StructureReferences）、“项目设置”（ProjectSettings），可以利用现有的安装数据进行初步构建，具体方法可参考表 4-2。

表 4-1　常用站点资源配置

CATIA V5 安装路径	站点路径	说明
…\(version[1])\startup\EquipmentAndSystems\ *	…\YREC\Setup\Equipmen－tAndSystems\	设备和系统的专业资源文件夹，包括各类目录、规格表、标准、设计规则等
…\(version[1])\startup\components\Penetrationcatalog	…\YREC\Setup\components	建筑开孔规则库
…\(version[1])\startup\components\spaceReservation	…\YREC\Setup\components	空间保留（不可穿越区域）规则库
…\(version[1])\resources\standard	…\YREC\resources\	二维制图、投影规则等相关标准文件夹
…\(version[1])\resources\graphic\ * . CATfct	…\YREC\resources\graphlc	设备及系统的特征词典
…\(version[1])\resources\msgcatalog	…\YREC\resources\	翻译文件（仅需将所需的复制出来，如果仅是中文和英文，需要将 msgcatalog 下模块对应的 CATNls 文件和 Simplified_Chinese 文件夹下对应的 CATNls 文件复制到此路径下）
…\(version[1])\startup\EquipmentAndSystems\Piping\SampleData\Rule_PipingBendablePipe * . CATProduct	…\YREC\Knowledge\3D\PIP	管路模块规则库
…\(version[1])\startup\EquipmentAndSystems\StructurePreliminaryLayout\SPL_ * . CATProduct[2]	…\YREC\Knowledge\3D\SPL[2]	结构模块规则库
…\(version[1])\startup\EquipmentAndSystems\Electrical\DesignRules\GeneralDeSignCheckSet. CATProduct	…\YREC\Knowledge\Diagrams\ECD	电气原理图检测规则

续表 4-1

CATIA V5 安装路径	站点路径	说明
…\(version[1])\startup\EquipmentAndSystems\HVAC\DesignRules\GeneralDesignCheckSet.CATProduct	…\YREC\Knowledge\Diagrams\HVD	暖通原理图检测规则
…\(version[1])\startup\EqulpmentAndSystems\Piping\DesignRules\Inconsistent*.CATProduct …\(version[1])\startup\EquipmentAndSystems\Piping\DesignRules\GeneralDesignCheckSet.CATProduct …\(version[1])\startup\EquipmentAndSystems\Piping\DeslgnRules\PipingValvePositionRuleSet.CATProduct …\(version[1])\startup\EquipmentAndSystems\Piping\DesignRules\InstrumentLocationRuleset.CATProduct …\(version[1])\startup\EquipmentAndSystems\Piping\DeslgnRules\I&CLineSignalMediumRuleSet.CATProduct …\(version[1])\startup\EquipmentAndSystems\Piping\DesignRules\PipeFunctionLineCategoryRuleSet.CATProduct	…\YREC\Knowledge\Diagrams\PID	管路原理图检测规则
…\(version[1])\startup\EquipmentAndSystems\Tubing\DesignRules\GeneralDesignCheckSet.CATProduct	…\YREC\Knowledge\Diagrams\TUD	仪管原理图检测规则
…\(version[1])\startup\EquipmentAndSystems\Waveguide\DesignRules\GeneralDeslgnCheckSet.CATProduct	…\YREC\Knowledge\Diagrams\WGD	波导原理图检测规则

注:1. 根据安装的 CATIA 的版本不同,32 位版本为 intel_a,64 位版本为 win_b64。

2. 仅限安装了 StructurePreliminaryLayout 模块的 CATIA。

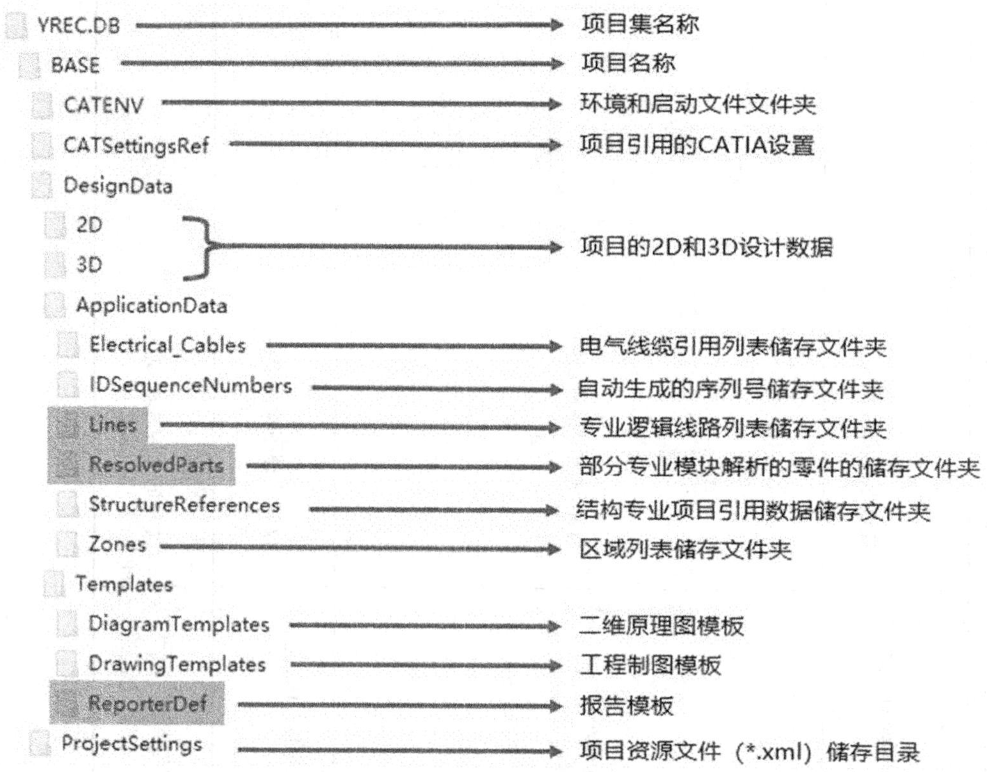

图 4-4　常见的项目基本结构

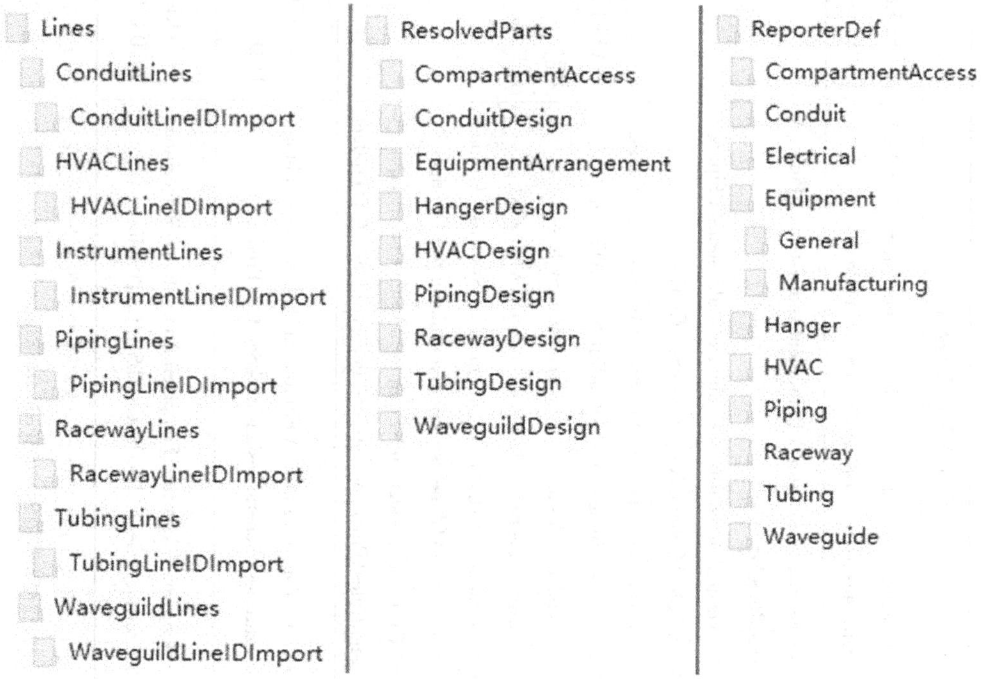

图 4-5　部分需要定制的设计数据的目录结构

表 4-2　常用项目资源配置

CATIA V5 安装路径	站点路径	说明
…\(version[1])\code\dictionary\PlantShiplineIDImport. did …\(version[1])\startup\EquipmentAndSystems\Conduit\SampleData\ConduitLineIDImportSample. xml	…\YREC. DB\BASE\DesignData\ApplicationData\Lines\ConduitLines\ConduitLineIDImport	电子电路设计逻辑线路文件
…\(version[1])\code\dictionary\PlantShiplineIDImport. did …\(version[1])\startup\EquipmentAndSystems\HVAC\SampleData\HVACLineIDImportSample. xml	…\YREC. DB\BASE\DesignData\ApplicationData\Lines\HVACLines\HVACLineIDImport	暖通设计逻辑线路文件
…\(version[1])\code\dictionary\PlantShiplineIDImport. did	…\YREC. DB\BASE\DesignData\ApplicationData\Lines\InstrumentLines\InstrumentLineIDImport	仪器设计逻辑线路文件
…\(version[1])\code\dictionary\PlantShiplineIDImport. did …\(version[1])\startup\EquipmentAndSystems\Piping\SampleData\PipinglineIDImportSample. xml	…\YREC. DB\BASE\DesignData\ApplicationData\Lines\PipingLines\PipingLineIDImport	管路设计逻辑线路文件
…\(version[1])\code\dictionary\PlantShiplineIDImport. did …\(version[1])\startup\EquipmentAndSystems\Raceway\SampleData\RacewaylineIDImportSample. xml	…\YREC. DB\BASE\DesignData\ApplicationData\Lines\RacewayLines\RacewayLineIDImport	桥架设计逻辑线路文件
…\(version[1])\code\dictionary\PlantShiplineIDImport. did …\(version[1])\startup\EquipmentAndSystems\Tubing\SampleData\TubinglineIDImportSample. xml	…\YREC. DB\BASE\DesignData\ApplicationData\Lines\TubingLines\TubingLineIDImport	仪管设计逻辑线路文件

续表 4-2

CATIA V5 安装路径	站点路径	说明
…\(version[1])\code\dictionary\PlantShiplineIDImport. did …\(version[1])\startup\EquipmentAndSystems\Waveguide\SampleData\WaveguidelineIDImportSample. xml	…\YREC. DB\BASE\DesignData\ApplicationData\Lines\WaveguideLines\WaveguideLineIDImport	波导设计逻辑线路文件
…\(version[1])\reffiles\disciplines\Application. dtd …\(version[1])\startup\EqulpmentAndSystems\Structure\ProjectEnvelope. xml …\(version[1])\startup\EquipmentAndSystems\Structure\ShipStructureMoldedConventions. *(xml&did) …\(version[1])\startup\EquipmentAndSystems\Structure\ProjectParameters. *(xml&did) …\(version[1])\startup\EquipmentAndSystems\Structure\ReferencePlanesSystem. *(xml&did) …\(version[1])\startup\EquipmentAndSystems\Structure\ReferenceGridSystem. CATPart …\(version[1])\startup\EquipmentAndSystems\Structure\Hull1234. CATPart	…\YREC. DB\BASE\DesignData\ApplicationData\StructureReferences	结构设计引用数据
…\(version[1])\reffiles\disciplines\Project. dtd …\(version[1])\startup\EqulpmentAndSystems\ProjectData\Project. xml	…\YREC. DB\BASE\ProjectSettings	项目资源路径映射文件 Project. xml 文件复制到此处后,记得将之命名与项目同名的文件,本例中将命名为 BASE. xml

注:根据安装的 CATIA 版本的不同,32 位版本为 intel_a,64 位版本为 win_b64。

4.3 环境设置

CATIA V5 具有多重启动特性,同时支持通过定制环境使用不同的设计数据进行从软件配置到工作台设置等一系列的个性化定制。这为不同项目采用不同的设计数据进行设计提供了一定的便利性,下面将详细介绍如何利用文本文件(TXT)和批处理文件(BAT)来进行 CATIA V5 启动环境的设置。

4.3.1 前置准备

对于所有的环境文件来说,为保证这些环境可以在不同的用户之间共享,都需要预先进行一些环境变量的定制。通常来说,这些环境变量仅在项目启动文件中写入,以便在使用该项目时调用,不建议将这些环境变量写入系统变量中。常用环境变量如表 4-3 所示。

表 4-3 常用环境变量

变量名称	说明
CAT_CODE	CATIA V5 安装路径
CAT_SITE	站点文件夹路径(可以使用网络路径)
PRJ_CODE	项目名称
CAT_PRJ_TEMP	临时文件目录
CAT_PRJ_PERM_APPDATA	CATIA V5 永久设置文件路径
CAT_PRJ_TEMP_APPDATA	CATIA V5 临时设置文件路径

在常用环境变量中引入 CAT_PRJ_TEMP、CAT_PRJ_PERM_APPDATA、CAT_PRJ_TEMP_APPDATA 三个变量的主要目的在于,让每个项目具有独立的设置,避免出现错误的选项设置和错误的文件引用(部分专业模块会使用临时文件目录作为临时数据解析目录)。

4.3.2 项目启动文件定制

一个项目启动文件是一个定义了各种变量的批处理文件,这个批处理文件主要包含以下内容:

(1)所需要进行设置的变量。

(2)设置 CATIA 环境变量以及创建所需文件夹的链接。

(3)特定项目的启动变量(可不设置)。

(4)CATIA V5 的启动模式。

通常情况下,会创建 2 个项目启动文件,一个是普通用户使用的启动文件,另一个是管理员用来进行项目设置的启动文件。一般来说,采用"CATIA_项目名称_启动模式"的方式命名这两个启动文件。以本案例为例,这两个文件分别为"CATIA_BASE_USER. bat"和"CATIA_BASE_ADMIN. bat"。

下面分别对启动文件中的内容进行解释:

(1)启动文件的头文件,这个头文件不是必需的,但是建议写出来,有利于用户判断该启动文件的适用性。其具体格式如图 4-6 所示。

```
@echo off
cls
Rem ==================================================================
Rem ==================================================================
Rem === Filename            : CATIA_BASE_USER.bat                  ===
Rem === SITE                : YREC                                 ===
Rem === Project             : BASE                                 ===
Rem === Created by / DATE   :  wanglu / 12 September 2018          ===
Rem === Modified by / DATE  :  ------ / -----------------          ===
Rem === Object : Run CATIA V5 User mode on the project BASE        ===
Rem ==================================================================
Rem ==================================================================
```

图 4-6　启动文件的头文件

(2)设置 CATIA 的安装路径。其具体格式如图 4-7 所示。

```
Rem CATIA V5 installation path
Rem ==========================

IF EXIST "C:\Program Files\Dassault Systemes\B22" set CAT_CODE=C:\Program Files\Dassault Systemes\B22
IF EXIST "D:\InstalledSoftware\Dassault Systemes\B22" set CAT_CODE=D:\InstalledSoftware\Dassault Systemes\B22
```

图 4-7　CATIA 的安装路径设置

需要注意的是,可以利用“IF EXIST … set …”的格式设置多条启动路径,以便于安装到不同路径的用户可以正常使用该启动文件。

(3)设置站点及项目名称。其具体格式如图 4-8 所示。

```
Rem Project Site and name
Rem =====================

set CAT_SITE=X:\YREC_Server\YREC
set PRJ CODE=BASE
```

图 4-8　站点及项目名称设置

(4)调用一个文件夹创建批处理文件,来检查是否创建了所需的项目路径,如果没有,则创建对应的路径。其具体格式如图 4-9 所示。需要特别指出的是,这个批量检查创建文件夹的批处理可以根据需求创建若干个(比如有些项目不需要某些专业模块的文件夹,就可以修改这个批处理文件后另存,以减少空文件夹数量),以满足不同的项目需求。对于这个批处理文件的具体内容,见 4.3.3 节相关介绍。

```
Rem Call Batch file for folder creation
Rem ===================================

call "%CAT_SITE%.DB\%PRJ_CODE%\CATENV\LocalFoldersCreation\Local_Folders_Creation.bat"
```

图 4-9　文件夹创建批处理调用设置

(5)项目特殊启动变量的设置,当然这些变量可以不设置。其具体格式如图 4-10 所示。

(6)CATIA 启动路径的设置。对于 32 位 CATIA 来说,具体格式如图 4-11 所示,对于 64 位 CATIA 来说,具体格式如图 4-12 所示。

(7)CATIA 启动变量的设置。对于 32 位 CATIA 来说,用户模式启动变量设置如图 4-13 所示,管理员模式启动如图 4-14 所示;对于 64 位 CATIA 来说,用户模式启动如图 4-15 所示,管理员模式启动变量的设置如图 4-16 所示。

完成以上所有内容的创建后,就完成了项目启动文件的创建。

```
Rem ==========================================
Rem ==========================================
Rem === Speicific Application Variables   ===
Rem ==========================================
Rem ==========================================

Rem No document created when starting
Rem ===================================

set CATNoStartDocument=1
```

图 4-10　特殊启动变量的设置

```
Rem Path
Rem ====
set PATH=%CAT_CODE%\intel_a\code\bin;%CAT_CODE%\intel_a\code\command;%PATH%
```

图 4-11　32 位 CATIA 启动路径的设置

```
Rem Path
Rem ====
set PATH=%CAT_CODE%\win_b64\code\bin;%CAT_CODE%\win_b64\code\command;%PATH%
```

图 4-12　64 位 CATIA 启动路径的设置

```
Rem Start of CATIA
Rem ==============

"%CAT_CODE%\intel_a\code\bin\CNEXT.exe" -env "%PRJ_CODE%" -direnv "%CAT_SITE%.DB\%PRJ_CODE%\CATENV"
```

图 4-13　32 位 CATIA 用户模式启动变量的设置

```
Rem Start of CATIA
Rem ==============

"%CAT_CODE%\intel_a\code\bin\CNEXT.exe" -admin -env "%PRJ_CODE%" -direnv "%CAT_SITE%.DB\%PRJ_CODE%\CATENV"
```

图 4-14　32 位 CATIA 管理员模式启动变量的设置

```
Rem Start of CATIA
Rem ==============

"%CAT_CODE%\win_b64\code\bin\CNEXT.exe" -env "%PRJ_CODE%" -direnv "%CAT_SITE%.DB\%PRJ_CODE%\CATENV"
```

图 4-15　64 位 CATIA 用户模式启动变量的设置

```
Rem Start of CATIA
Rem ==============

"%CAT_CODE%\win_b64\code\bin\CNEXT.exe" -admin -env "%PRJ_CODE%" -direnv "%CAT_SITE%.DB\%PRJ_CODE%\CATENV"
```

图 4-16　64 位 CATIA 管理员模式启动变量的设置

4.3.3　项目本地文件夹创建

不同于前面所述项目启动文件和资源管理结构内包含的文件，每一个用户在利用项目启动文件启动 CATIA V5 后，需要指定一些本地文件夹来释放项目运行所需的临时文件和设置。当然，项目本地文件夹不是必需的，在这些文件夹不指定的情况下，CATIA V5 将利用默认路径生成相应的文件夹。但由于这些文件夹的公用会造成不同项目间的文件冲突，从而产生不可预期的问题，因此建议对项目本地文件夹分别进行设置和创建。

项目本地文件夹创建的主要目标如下：

(1) 区分项目的程序设置和 CATIA V5 默认的程序设置。

(2) 管理本地生成的临时文件、报告及配置文件。

(3) 根据用户和项目的不同独立管理这些文件。

(4) 可以方便地复制所有的配置文件，形成新的项目本地文件夹。

为达成以上目标,需要对以下内容进行设置:

(1)批处理头文件,具体如图 4-17 所示。

```
@echo off
Rem ================================================================
Rem ================================================================
Rem === Filename              : Local_Folders_Creation.bat       ===
Rem === Project               : BASE                             ===
Rem === Created by / DATE  :  wanglu / 12 September 2015         ===
Rem === Modified by / DATE :  ------ / -----------------          ===
Rem === Object : Run CATIA V5 User mode on the project BASE      ===
Rem ================================================================
Rem ================================================================

echo ==================================================================
```

图 4-17　批处理头文件

(2)CATIA V5 的本地临时文件夹,具体如图 4-18 所示。

```
Rem CATIA V5 local temp directory
Rem ===========================

Set CAT_PRJ_TEMP=D:\Software\Data\CATIAV5_PRJ_USER\TEMP\CV5
IF NOT EXIST "%CAT_PRJ_TEMP%" mkdir %CAT_PRJ_TEMP%
echo == CATIA V5 locol temp directory created.
```

图 4-18　CATIA VS 的本地临时文件夹

(3)用户本地永久设置的应用程序文件夹,具体如图 4-19 所示。

```
Rem Project user local application directory for permanent settings
Rem ==============================================================

Set CAT_PRJ_PERM_APPDATA=D:\Software\Data\CATIAV5_PRJ_USER\%PRJ_CODE%\%USERNAME%\ApplicationData
IF NOT EXIST "%CAT_PRJ_PERM_APPDATA%" mkdir %CAT_PRJ_PERM_APPDATA%
echo == Project user local application directory for permanent settings created.
```

图 4-19　用户本地永久设置的应用程序文件夹

(4)用户本地临时设置的应用程序文件夹,具体如图 4-20 所示。

```
Rem Project user local application directory for temporary settings
Rem ==============================================================

Set CAT_PRJ_TEMP_APPDATA=D:\Software\Data\CATIAV5_PRJ_USER\%PRJ_CODE%\%USERNAME%\LocalSettings\ApplicationData
IF NOT EXIST "%CAT_PRJ_TEMP_APPDATA%" mkdir %CAT_PRJ_TEMP_APPDATA%
echo == Project user local application directory for temporary settings created.
```

图 4-20　用户本地临时设置的应用程序文件夹

(5)用户程序设置文件夹,具体如图 4-21 所示。

```
Rem User CATSettings directory
Rem ========================

IF NOT EXIST "%CAT_PRJ_PERM_APPDATA%\DassaultSystemes\CATSettings" mkdir %CAT_PRJ_PERM_APPDATA%
\DassaultSystemes\CATSettings
echo == User CATSettings directory created.
```

图 4-21　用户程序设置文件夹

(6)用户临时文件夹,具体如图 4-22 所示。

```
Rem User CATTemp directory
Rem ====================

IF NOT EXIST "%CAT_PRJ_TEMP_APPDATA%\DassaultSystemes\CATTemp" mkdir %CAT_PRJ_TEMP_APPDATA%
\DassaultSystemes\CATTemp
echo == User CATTemp directory created.
```

图 4-22　用户临时文件夹

(7)用户报告文件夹,具体如图 4-23 所示。

```
Rem User CATReport directory
Rem ======================

IF NOT EXIST "%CAT_PRJ_TEMP_APPDATA%\DassaultSystemes\CATReport" mkdir %CAT_PRJ_TEMP_APPDATA%
\DassaultSystemes\CATReport
echo == User CATReport directory created.
```

图 4-23　用户报告文件夹

(8)整体文件夹信息显示,具体如图 4-24 所示。

```
Rem Display of information
Rem ======================

echo ============================================================================
echo == Hello %USERNAME% , you logged in on %COMPUTERNAME%
echo ============================================================================
echo == CATIA V5 installation directory      : %CAT_CODE%
echo == Project site                         : %CAT_SITE%
echo == Project name                         : %PRJ_CODE%
echo ============================================================================
echo == CATIA V5 local temp directory        : %CAT_PRJ_TEMP%
echo ============================================================================
echo == Project user local application directory for permanent settings :
echo == %CAT_PRJ_PERM_APPDATA%
echo ============================================================================
echo == Project user local application directory for temporary settings :
echo == %CAT_PRJ_TEMP_APPDATA%
echo ============================================================================
echo == User CATSettings directory :
echo == %CAT_PRJ_PERM_APPDATA%\DassaultSystemes\CATSettings
echo ============================================================================
echo == User CATTemp directory :
echo == %CAT_PRJ_TEMP_APPDATA%\DassaultSystemes\CATTemp
echo ============================================================================
echo == User CATReport directory :
echo == %CAT_PRJ_TEMP_APPDATA%\DassaultSystemes\CATReport
echo ============================================================================

Rem End of file
Rem ===========
```

图 4-24　整体文件夹信息显示

4.3.4　项目环境文件定制

任何一个 CATIA V5 的启动程序都必须制定一个环境文件。因此,在定制的项目启动文件中,也指定了项目环境文件的名称,即项目的名称(%PRJ_CODE%),在本案例中为 BASE。

首先,需要在现有的环境文件的基础上进行改造,从而获得项目环境文件。CATIA 默认的环境文件保存的位置,可以通过环境编辑器(Environment Editor)来获得,具体参考图 4-25。

将上述文件夹下的 CATIA V5 默认环境变量文件(本例中为 CATIA_P3. V5 - 6R 2012. B22. txt)复制到项目的启动文件夹内(本例中为 X:\YREC_Server\YREC. DB\BASE\CATENV),并重命名为项目名称(本例中为 BASE. txt)。默认环境变量配置文件如图 4-26 所示。

之后对以上内容中与项目相关的配置进行修改,具体如下:

(1)替换所有的 CATIA V5 安装路径为%CAT_CODE%。

(2)将%CAT_SITE%\resources\graphic 放到 CATGraphicPath 最前面(首先读取站点文

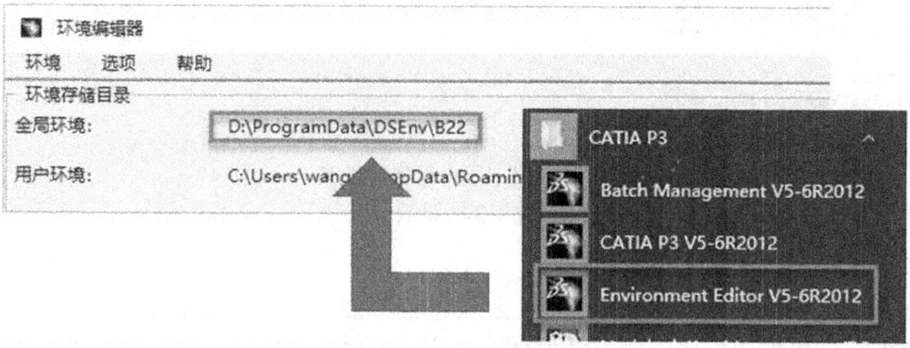

图 4-25　通过环境编辑器获得环境变量保存位置

```
!-----------------------------------------------------------
!   DASSAULT SYSTEMES  -  V5 ENVIRONMENT FILE
!-----------------------------------------------------------
! MODE : Global
! TYPE : CATIA_P3
! TMSTMP : 1505619802
! ARGS : -cs CATIA_P3 -a global -icon yes -menu yes -tools
!-----------------------------------------------------------

CATInstallPath=D:\InstalledSoftware\Dassault Systemes\B22\win_b64
CATDLLPath=D:\InstalledSoftware\Dassault Systemes\B22\win_b64\code\bin
CATICPath=D:\InstalledSoftware\Dassault Systemes\B22\win_b64\code\productIC
CATCommandPath=D:\InstalledSoftware\Dassault Systemes\B22\win_b64\code\command
CATDictionaryPath=D:\InstalledSoftware\Dassault Systemes\B22\win_b64\code\dictionary
CATDocView=D:\InstalledSoftware\Dassault Systemes\B22doc
CATReffilesPath=D:\InstalledSoftware\Dassault Systemes\B22\win_b64\reffiles
CATFontPath=D:\InstalledSoftware\Dassault Systemes\B22\win_b64\resources\fonts
CATGalaxyPath=D:\InstalledSoftware\Dassault Systemes\B22\win_b64\resources\galaxy
CATGraphicPath=D:\InstalledSoftware\Dassault
Systemes\B22\win_b64\resources\graphic;D:\InstalledSoftware\Dassault
Systemes\B22\win_b64\resources\graphic\icons;D:\InstalledSoftware\Dassault
Systemes\B22\win_b64\resources\graphic\figures;D:\InstalledSoftware\Dassault
Systemes\B22\win_b64\resources\graphic\splashscreens;D:\InstalledSoftware\Dassault
Systemes\B22\win_b64\resources\graphic\symbols;D:\InstalledSoftware\Dassault
Systemes\B22\win_b64\resources\graphic\textures
CATMsgCatalogPath=D:\InstalledSoftware\Dassault Systemes\B22\win_b64\resources\msgcatalog
CATFeatureCatalogPath=D:\InstalledSoftware\Dassault Systemes\B22\win_b64\resources\featurecatalog
CATDefaultCollectionStandard=D:\InstalledSoftware\Dassault Systemes\B22\win_b64\resources\standard
CATKnowledgePath=D:\InstalledSoftware\Dassault Systemes\B22\win_b64\resources\knowledge
CATStartupPath=D:\InstalledSoftware\Dassault Systemes\B22\win_b64\startup
CATW3ResourcesPath=D:\InstalledSoftware\Dassault Systemes\B22\win_b64\docs
CATReconcilePath=
CATReferenceSettingPath=
CATUserSettingPath=CSIDL_APPDATA\DassaultSystemes\CATSettings
CATCollectionStandard=
CATTemp=CSIDL_LOCAL_APPDATA\DassaultSystemes\CATTemp
CATMetasearchPath=DSKEY_TMPDIR
CATW3PublishPath=DSKEY_TMPDIR
CATSharedWorkbookPath=DSKEY_TMPDIR
CATErrorLog=CSIDL_LOCAL_APPDATA\DassaultSystemes\CATTemp\error.log
CATReport=CSIDL_LOCAL_APPDATA\DassaultSystemes\CATReport
CATDisciplinePath=
USER_HOME=CSIDL_PERSONAL
JAVA_HOME=%JAVA_HOME%
CLASSPATH_JDBC=
CLASSPATH=%CLASSPATH_JDBC%;%CLASSPATH%
PATH=D:\InstalledSoftware\Dassault Systemes\B22\win_b64\code\bin;D:\InstalledSoftware\Dassault
Systemes\B22\win_b64\code\command;%JAVA_HOME%\bin;%PATH%
```

图 4-26　默认环境变量配置文件

件,再读取 CATIA 默认的文件,下同)。

(3)将% CAT_SITE% \resources\msgcatalog 放到 CATMsgCatalogPath 最前面。

(4)将 CATReferenceSettingPath 设置为% CAT_SITE% . DB\% PRJ_CODE% \CATSettings Ref。

(5)将 CATCollectionStandard 设置为% CAT_SITE% \resources\standard。

(6)将所有的 CSIDL_APPDATA 替换为% CAT_PRJ_PERM_APPDATA% 。

(7)将所有的 CSIDL_LOCAL_APPDATA 替换为%CAT_PRJ_TEMP_APPDATA%。

(8)将所有的 DSKEY_TMPDIR 替换为%CAT_PRJ_TEMP%。

(9)将 CATDisciplinePath 设置为%CAT_SITE%.DB\%PRJ_CODE%\ProjectSettings。

修改完成后的环境变量配置文件如图 4-27 所示。

```
!-----------------------------------------------------------
!   DASSAULT SYSTEMES  -  V5 ENVIRONMENT FILE
!-----------------------------------------------------------
! SITE    : YREC
! PROJECT : BASE
!-----------------------------------------------------------

CATInstallPath=%CAT_CODE%\win_b64
CATDLLPath=%CAT_CODE%\win_b64\code\bin
CATICPath=%CAT_CODE%\win_b64\code\productIC
CATCommandPath=%CAT_CODE%\win_b64\code\command
CATDictionaryPath=%CAT_CODE%\win_b64\code\dictionary
CATDocView=D:\InstalledSoftware\Dassault Systemes\B22doc
CATReffilesPath=%CAT_CODE%\win_b64\reffiles
CATFontPath=%CAT_CODE%\win_b64\resources\fonts
CATGalaxyPath=%CAT_CODE%\win_b64\resources\galaxy
CATGraphicPath=%CAT_SITE%\resources\graphic;%CAT_CODE%\win_b64\resources\graphic;%CAT_CODE%\
win_b64\resources\graphic\icons;%CAT_CODE%\win_b64\resources\graphic\figures;%CAT_CODE%\win_
b64\resources\graphic\splashscreens;%CAT_CODE%\win_b64\resources\graphic\symbols;%CAT_CODE%\
win_b64\resources\graphic\textures
CATMsgCatalogPath=%CAT_SITE%\resources\msgcatalog;%CAT_CODE%\win_b64\resources\msgcatalog
CATFeatureCatalogPath=%CAT_CODE%\win_b64\resources\featurecatalog
CATDefaultCollectionStandard=%CAT_CODE%\win_b64\resources\standard
CATKnowledgePath=%CAT_CODE%\win_b64\resources\knowledge
CATStartupPath=%CAT_CODE%\win_b64\startup
CATW3ResourcesPath=%CAT_CODE%\win_b64\docs
CATReconcilePath=
CATReferenceSettingPath=%CAT_SITE%.DB\%PRJ_CODE%\CATSettingsRef
CATUserSettingPath=%CAT_PRJ_PERM_APPDATA%\DassaultSystemes\CATSettings
CATCollectionStandard=%CAT_SITE%\resources\standard
CATTemp=%CAT_PRJ_TEMP_APPDATA%\DassaultSystemes\CATTemp
CATMetasearchPath=%CAT_PRJ_TEMP%
CATW3PublishPath=%CAT_PRJ_TEMP%
CATSharedWorkbookPath=%CAT_PRJ_TEMP%
CATErrorLog=%CAT_PRJ_TEMP_APPDATA%\DassaultSystemes\CATTemp\error.log
CATReport=%CAT_PRJ_TEMP_APPDATA%\DassaultSystemes\CATReport
CATDisciplinePath=%CAT_SITE%.DB\%PRJ_CODE%\ProjectSettings
USER_HOME=CSIDL_PERSONAL
JAVA_HOME=%JAVA_HOME%
CLASSPATH_JDBC=
CLASSPATH=%CLASSPATH_JDBC%;%CLASSPATH%
PATH=%PATH%
```

图 4-27　修改完成后的环境变量配置文件

4.4　项目资源管理配置

4.4.1　资源配置

在完成环境设置和资源目录创建后，接下来最重要的就是配置项目资源管理（简称 PRM）文件。一个 PRM 文件（本例中为 BASE.xml）描述了整个项目中各个工作台所需的资源配置内容，包括：

(1)名称定义(naming definitions)路径。

(2)所使用的特征字典(feature dictionary)的名称。

(3)计算属性(computed attributes)列表。

(4)项目选项设置。

(5)目录(Catalogs)路径。

(6)设计规则(Design rules)路径。

PRM 文件配置成功的标志就是所有的项目内容都指向和链接到“站点”(Site)和“项目”(Project)文件夹及其中的数据。

一个 PRM 文件由很多部分组成,包括一系列的资源、应用及专业,主要包括:

(1)ID 模式(ID schema)资源。

(2)用户字典(User dictionary)资源。

(3)各专业计算属性(Computed attributes)资源。

(4)CATIA V5 选项资源。

(5)支吊架(Hanger)设计资源。

(6)设备(Equipment)应用。

(7)支吊架(Hanger)设计应用。

(8)制造(Manufacturing)专业。

(9)管路(Piping)专业。

(10)暖通(HVAC)专业。

(11)仪管(Tubing)专业。

(12)波导(Waveguide)专业。

(13)桥架(Raceway)专业。

(14)电子电路(Conduit)专业。

(15)CATIA V4 至 V5 数据迁移(CATAecV4V5Migration)专业。

(16)空间保留(Space Reservation)专业。

(17)结构(Strcture)专业。

(18)电气(Electrical)专业。

(19)舱室及通道(Compartment and Access)专业。

一个专业可能包含一系列的应用和资源,而应用又可能包含一系列的资源。资源一般被制定包含于一个专业内,但是应用可能被多个专业共用。以设备设计(Equipment Design)应用为例,该应用在设备布置(Equipmeng Arrangement)工作台被多个专业(如管路、暖通、仪管、波导、电子电路等)共用。

一个典型的专业资源配置内容如图 4-28 所示(此处以管路专业为例)。

需要特别注意的是,所有的标记项目名称的地方都需要修改,如图 4-29 所示。

对于 PRM 文件内容,可以使用绝对路径,如图 4-30 所示;也可以使用相对路径,如图 4-31 所示。需要注意的是,所有的相对路径都需要在资源管理文件的 Alias 字段或者前述的项目启动文件中进行定义才能使用。

在完成整个 PRM 文件的修改后,需要使用 CATIA V5 的项目资源管理器进行验证。利用已经完成的项目启动文件(本例中为 CATIA_BASE_USER. bat)启动 CATIA V5,进入专业模块后,在菜单栏上通过“工具”→“Project Management”→“Validate…”工具来进行定制的 PRM 文件的验证工作,如图 4-32 所示。

4.4.2 项目设置

为了更好地管理文件,可以通过定制 DLName 来定义用户在打开或保存数据的位置。为实现 DLName 的相关设置,需要在 2D 和 3D 目录中创建相关的数据组织目录,常用的目

```
<!-- ************** PIPING DISCIPLINE RESOURCES ************** -->

<Discipline Name="Piping" Description="Piping Discipline" Parent="Sample_Project">

   <Resource Name="PipingSpecificationsCatalog" Description="Piping Specifications Catalog" Visible="no">
      <ID Type="Catia" Driver="File" Location=
      "${Startup_Directory}\Piping\Specification\PipingSpecifications.catalog"/>
   </Resource>

   <Resource Name="PipingInsulationSpecCatalog" Description="Piping Insulation Specifications Catalog"
   Visible="no">
      <ID Type="Catia" Driver="File" Location=
      "${Startup_Directory}\Piping\InsulationSpecification\PipingInsulationSpecifications.catalog"/>
   </Resource>

   <Resource Name="PipingStandardsCatalog" Description="Piping Standards Catalog" Visible="no">
      <ID Type="Catia" Driver="File" Location=
      "${Startup_Directory}\Piping\Standards\PipingStandards.catalog"/>
   </Resource>

   <Resource Name="PipingDesignRulesCatalog" Description="Piping Design Rules Catalog" Visible="no">
      <ID Type="Catia" Driver="File" Location=
      "${Startup_Directory}\Piping\DesignRules\PipingDesignRules.catalog"/>
   </Resource>

   <Resource Name="PipingPartsCatalog" Description="Piping Parts Catalog" Visible="no">
      <ID Type="Catia" Driver="File" Location=
      "${Startup_Directory}\Piping\PipingDesign\ComponentCatalogs\Parametric\PipingParts.catalog"/>
   </Resource>

   <Resource Name="PipingLinesCatalog" Description="Piping Lines Shared Catalog" Visible="no">
      <ID Type="Catia" Driver="File" Location=
      "${Startup_Directory}\Piping\SampleData\PipingLines\CATPspPipingLine.catalog"
         Access="RW"/>
   </Resource>

   <Resource Name="LineIDAttributeFilter" Description="List of attributes used to filter the Piping Line
   selection list" Visible="no">
      <ID Type="Path" Driver="File" Location=
      "${Startup_Directory}\Piping\SampleData\PipingLineAttributeFilter.txt"/>
   </Resource>

   <Resource Name="PipingReportDefinitions" Description="Piping Report Definitions Directory" Visible="no">
      <ID Type="Path" Driver="File" Location="${Startup_Directory}\Piping\SampleData"/>
   </Resource>

   <Resource Name="ReportExpressions" Description="Report Expressions Directory" Visible="no">
      <ID Type="Path" Driver="File" Location="${Startup_Directory}\ReporterData"/>
   </Resource>
```

图 4-28 典型的专业资源配置内容

录如图 4-33 所示。

为了将这些文件夹与相应的数据类型连接,需要定制相关的名称、服务期目录及本地目录,一般来说,可以使用定制的文本文件(TXT)制定,具体如图 4-34 所示。

为保证项目的设置为所有用户一致,需要使用管理员模式登录 CATIA V5(本例中为 CATIA_BASE_ ADMIN. bat)。登录管理员模式后,打开“工具”→“选项”→“常规”,选择“文档”选项卡,选择“DLName”,点击右侧的“允许”,然后点击“配置...”,在弹出的对话框中选择“从. txt ascii 文件中导入 DLName”,然后选择已经编辑好的 DLName. txt 文件导入,从而完成 DLName 的设置,如图 4-35 所示。

除 DLName 外,还可以利用管理员模式进行选项的锁定,以保证所有用户的部分选项一致,从而规范所有用户的基本操作,如图 4-36 所示。

```
<Project Name="BASE">
<!-- ************** MANUFACTURING DISCIPLINE RESOURCES ************** -->
<Discipline Name="Manufacturing" Description="Manufacturing Discipline" Parent="BASE">

<!-- ************** PIPING DISCIPLINE RESOURCES ************** -->
<Discipline Name="Piping" Description="Piping Discipline" Parent="BASE">

<!-- ************** HVAC DISCIPLINE RESOURCES ************** -->
<Discipline Name="HVAC" Description="HVAC Discipline" Parent="BASE">

<!-- ************** TUBING DISCIPLINE RESOURCES ************** -->
<Discipline Name="Tubing" Description="Tubing Discipline" Parent="BASE">

<!-- ************** TUBING DISCIPLINE RESOURCES ************** -->
<Discipline Name="TubingMM" Description="TubingMM Discipline" Parent="BASE">

<!-- ************** WAVEGUIDE DISCIPLINE RESOURCES ************** -->
<Discipline Name="Waveguide" Description="Waveguide Discipline" Parent="BASE">

<!-- ************** Raceway DISCIPLINE RESOURCES ************** -->
<Discipline Name="Raceway" Description="Raceway Discipline" Parent="BASE">

<!-- ************** Conduit DISCIPLINE RESOURCES ************** -->
<Discipline Name="Conduit" Description="Conduit Discipline" Parent="BASE">

<!-- ************** AEC MIGRATION DISCIPLINE RESOURCES ************** -->
<Discipline Name="CATAecV4V5Migration" Description="AEC V4 V5 Migration Discipline" Parent="BASE">

<!-- ************** SPATIAL DISCIPLINE RESOURCES ************** -->
<Discipline Name="Spatial" Description="Space Reservation Discipline" Parent="BASE">

<!-- ************** STRUCTURE DISCIPLINE RESOURCES ************** -->
<Discipline Name="Structure" Description="Structure Discipline" Parent="BASE">

<!-- ************** Electrical DISCIPLINE RESOURCES ************** -->
<Discipline Name="Electrical" Description="Electrical Discipline" Parent="BASE">

<!-- ************** COMPARTMENT AND ACCESS DISCIPLINE RESOURCES ************** -->
<Discipline Name="CompartmentAccess" Description="Compartment Access Discipline" Parent="BASE">
```

图 4-29　项目名称命名

```
<!-- Aliases in the project file -->
<Alias Name="Startup_Directory" Value="X:\YREC_Server\YREC\Setup\EquipmentAndSystems" />
<Alias Name="Components_Directory" Value="X:\YREC_Server\YREC\Setup\components" />
<Alias Name="Project_Directory" Value="X:\YREC_Server\YREC.DB\BASE" />
<Alias Name="MultiDiscSample" Value="MultiDiscipline\SampleData" />
<Alias Name="ResolvedPart" Value="\DesignData\ApplicationData\ResolvedParts" />
<Alias Name="DisciplineLines" Value="\DesignData\ApplicationData\Lines" />
<Alias Name="StructureRef" Value="\DesignData\ApplicationData\StructureReferences" />
<Alias Name="ReporterDef" Value="DesignData\Templates\ReporterDef" />
```

图 4-30　绝对路径定义

```
<!-- Aliases in the project file -->
<Alias Name="Startup_Directory" Value="${CAT_SITE}\Setup\EquipmentAndSystems" />
<Alias Name="Components_Directory" Value="${CAT_SITE}\Setup\components" />
<Alias Name="Project_Directory" Value="${CAT_SITE}.DB\${PRJ_CODE}" />
<Alias Name="MultiDiscSample" Value="MultiDiscipline\SampleData" />
<Alias Name="ResolvedPart" Value="\DesignData\ApplicationData\ResolvedParts" />
<Alias Name="DisciplineLines" Value="\DesignData\ApplicationData\Lines" />
<Alias Name="StructureRef" Value="\DesignData\ApplicationData\StructureReferences" />
<Alias Name="ReporterDef" Value="DesignData\Templates\ReporterDef" />
```

图 4-31　相对路径定义

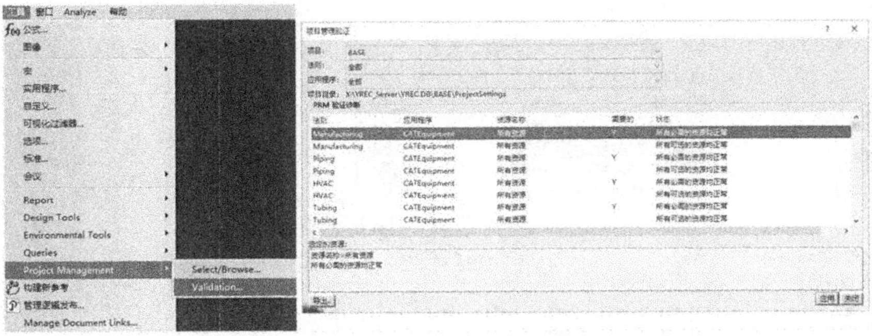

图 4-32　PRM 数据验证

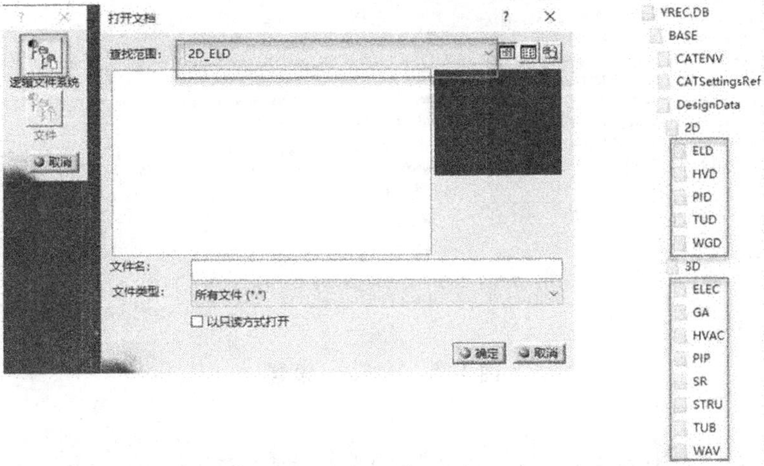

图 4-33　DLName 方法和相关目录的创建

```
Template_Diagrams;${CAT_SITE}.DB\${PRJ_CODE}\DesignData\Templates\DiagramTemplates;/tmp;
Template_Drawings;${CAT_SITE}.DB\${PRJ_CODE}\DesignData\Templates\DrawingTemplates;/tmp;

Export_CompartmentAccess;${CAT_SITE}.DB\${PRJ_CODE}\DesignData\Templates\ReporterDef\CompartmentAccess;/tmp;
Export_Conduit;${CAT_SITE}.DB\${PRJ_CODE}\DesignData\Templates\ReporterDef\Conduit;/tmp;
Export_Electrical;${CAT_SITE}.DB\${PRJ_CODE}\DesignData\Templates\ReporterDef\Electrical;/tmp;
Export_Equipment;${CAT_SITE}.DB\${PRJ_CODE}\DesignData\Templates\ReporterDef\Equipment;/tmp;
Export_Hanger;${CAT_SITE}.DB\${PRJ_CODE}\DesignData\Templates\ReporterDef\Hanger;/tmp;
Export_HVAC;${CAT_SITE}.DB\${PRJ_CODE}\DesignData\Templates\ReporterDef\HVAC;/tmp;
Export_Piping;${CAT_SITE}.DB\${PRJ_CODE}\DesignData\Templates\ReporterDef\Piping;/tmp;
Export_Raceway;${CAT_SITE}.DB\${PRJ_CODE}\DesignData\Templates\ReporterDef\Raceway;/tmp;
Export_Tubing;${CAT_SITE}.DB\${PRJ_CODE}\DesignData\Templates\ReporterDef\Tubing;/tmp;
Export_Waveguide;${CAT_SITE}.DB\${PRJ_CODE}\DesignData\Templates\ReporterDef\Waveguide;/tmp;

Knowledge_DI_ECD;${CAT_SITE}\Knowledge\Diagrams\ECD;/tmp;
Knowledge_DI_HVD;${CAT_SITE}\Knowledge\Diagrams\HVD;/tmp;
Knowledge_DI_PID;${CAT_SITE}\Knowledge\Diagrams\PID;/tmp;
Knowledge_DI_TUD;${CAT_SITE}\Knowledge\Diagrams\TUD;/tmp;
Knowledge_DI_WGD;${CAT_SITE}\Knowledge\Diagrams\WGD;/tmp;

Knowledge_3D_PIP;${CAT_SITE}\Knowledge\3D\PIP;/tmp;
Knowledge_3D_SPL;${CAT_SITE}\Knowledge\3D\SPL;/tmp;

2D_ELD;${CAT_SITE}.DB\${PRJ_CODE}\DesignData\2D\ELD;/tmp;
2D_PID;${CAT_SITE}.DB\${PRJ_CODE}\DesignData\2D\PID;/tmp;
2D_HVD;${CAT_SITE}.DB\${PRJ_CODE}\DesignData\2D\HVD;/tmp;
2D_TUD;${CAT_SITE}.DB\${PRJ_CODE}\DesignData\2D\TUD;/tmp;
2D_WGD;${CAT_SITE}.DB\${PRJ_CODE}\DesignData\2D\WGD;/tmp;

3D_GeneralArrangment;${CAT_SITE}.DB\${PRJ_CODE}\DesignData\3D\GA;/tmp;
3D_SpaceReservations;${CAT_SITE}.DB\${PRJ_CODE}\DesignData\3D\SR;/tmp;
3D_Electrical;${CAT_SITE}.DB\${PRJ_CODE}\DesignData\3D\ELEC;/tmp;
3D_Piping;${CAT_SITE}.DB\${PRJ_CODE}\DesignData\3D\PIP;/tmp;
3D_HVAC;${CAT_SITE}.DB\${PRJ_CODE}\DesignData\3D\HVAC;/tmp;
3D_Tubing;${CAT_SITE}.DB\${PRJ_CODE}\DesignData\3D\TUB;/tmp;
3D_Structure;${CAT_SITE}.DB\${PRJ_CODE}\DesignData\3D\STRU;/tmp;
3D_Waveguide;${CAT_SITE}.DB\${PRJ_CODE}\DesignData\3D\WAV;/tmp;
```

图 4-34　DLName 批处理文件

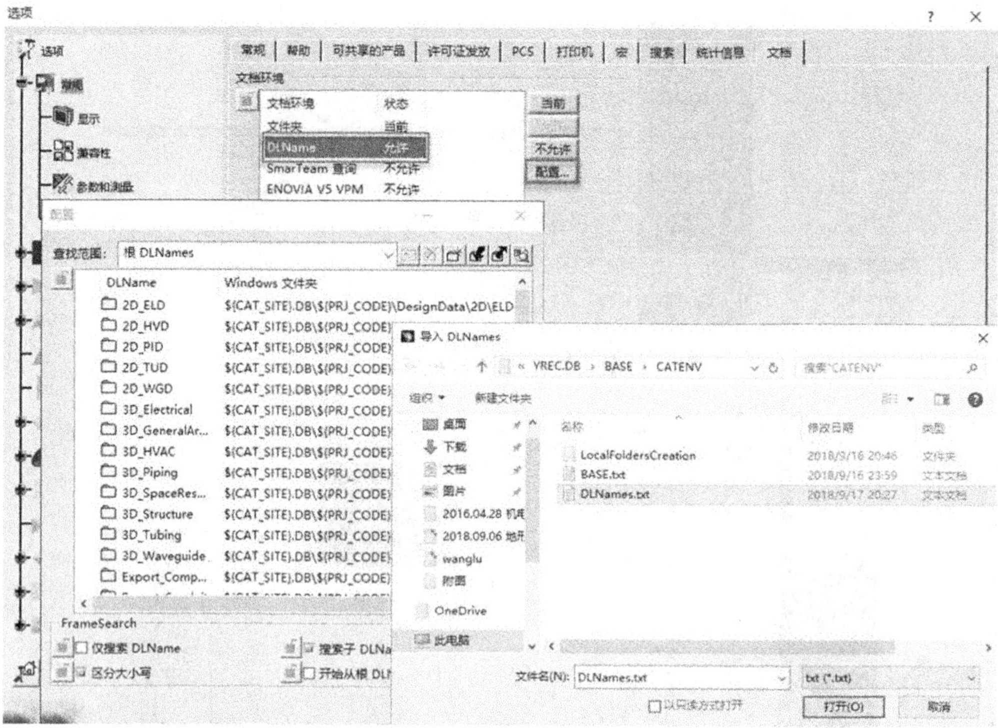

图 4-35　DLName 设置

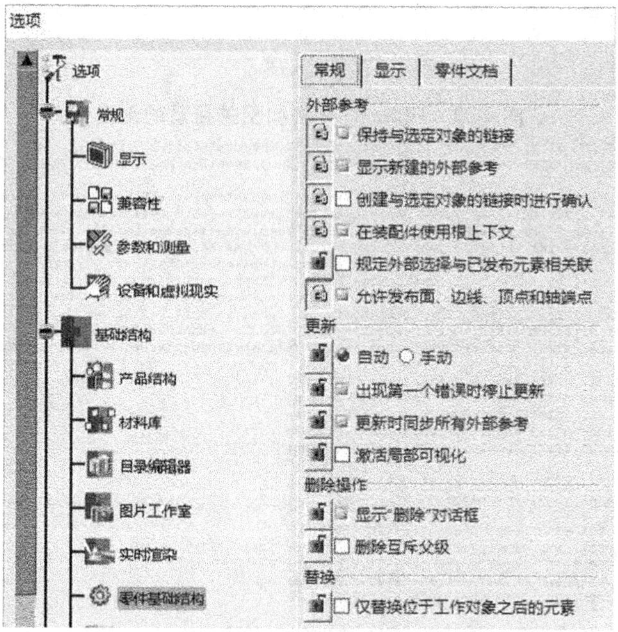

图 4-36　利用管理员权限锁定部分选项

第 5 章　设备创建与入库

5.1　设备创建与入库要求

在水利水电工程实际应用中，机电设备模型数据量非常巨大，为缩短模型的建模时间、节省储存空间、提高模型的调用速度、减轻后期处理设备模型工作量，需对模型进行简化。设备模型的精细程度应根据工程的设计阶段及特殊要求确定，设备模型数据量宜遵循精简原则。主要从以下几点考虑：

(1)结构树。模型的结构树应清晰明了，模板定位元素、模板定位草图以及模型体型宜分类管理，便于后期修改，如图 5-1 所示。

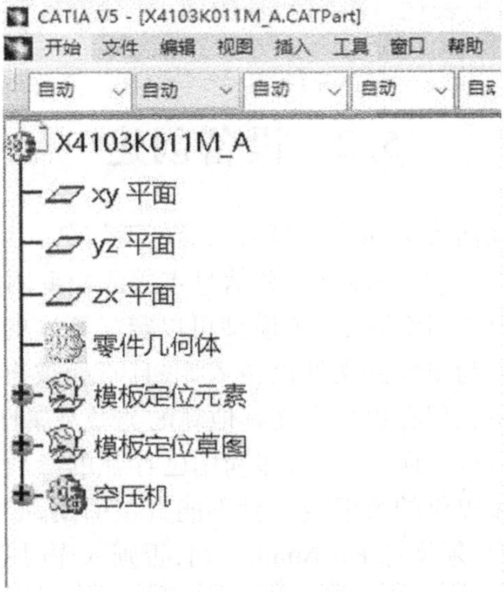

图 5-1　结构树

(2)模型简化。模型应能表现设备的空间存在、关键特征及外界接口。设备的附属部分、非关键部位可以视情况最大限度地简化；设备非关键部分，若尺寸与模型整体尺寸数量级差别较大，在不影响设备识别的基础上，宜忽略。简化后的模型应便于识别和绘图，不至于引起误解，不影响功能表达和基本外形结构，不影响模型装配或干涉检查等。图 5-2 对模型简化进行了形象的描述。

(3)模型参数。参数的选取应尽量保证数量最少化和描述准确。常用的、成熟的设备系列，宜根据数据表进行参数化建模。

(4)模型名称。应重命名零件的名称，不得使用中文字符命名。

(5)定位元素。宜用设备的特征点、关键轴线，以及与基础接触面作为设备模板的定位元素。如将设备的特征点建立在(0、0、0)点，将关键轴线建立在坐标轴方向，以便于后期调

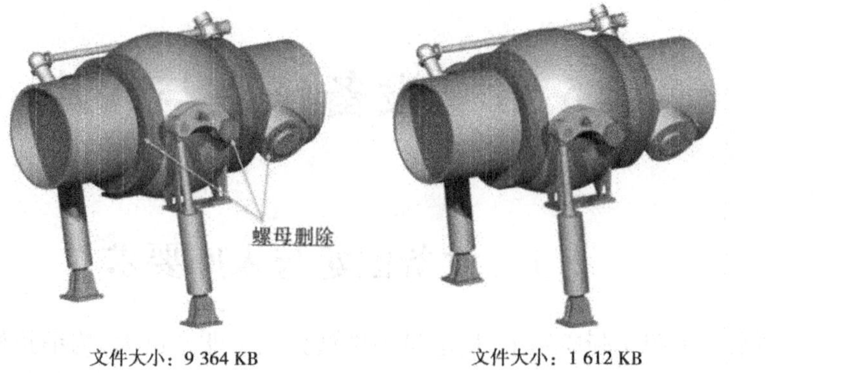

图 5-2　模型简化示例

用时进行方位调整。

（6）连接点设置。模型需要设置连接点的位置，若没有设置连接点所需要的定位元素，则在建立模型时，需预先建立所需要的定位元素。

（7）同类型号不同参数的表达。不同型号的同一产品，具有共同的参数及类似的体型特征，宜建立参数化模型。

5.2　设备创建

设备模型包括关键的几何参数和非几何信息等属性信息。其中，几何参数包括尺寸、体积等，非几何信息包括材料、压力、公称直径和信息点等。模型附加信息越多，后期引用（如统计材料表）越准确和越方便。因为同一个模型可以定义不同的类型，增加不同的属性，所以模型被赋予属性后应另存为单独的文件以备入库，且不能被再次赋予其他类型属性。同时，原始模型不得删除，应单独保存以备定义其他新的类型及属性等。

模型与数据表的关联可以有两种方式，即利用已存在的参数表生成设计表和利用模型中的参数生成设计表。厂家提供的数据表一般不能直接引用，必须进行改造后才可以正常引用。在数据表的第一列，必须增加 PartNumber 列，否则入库时不能正常解析。

连接点本质上是定义坐标系，坐标系一般选择现有的定位元素进行定义。定位元素包括 Face、Alignment 与 Orientation。Face 就是将连接器放置的面；Alignment 为直线，应与 Face 面互相垂直，Alignment 与 Face 的交点即连接点的位置；Orientation 也为一平面，必须与 Face 面相垂直，代表了连接点的方向，见图 5-3（a）。

为了设备模型的可读性更高，模型入库之前，应隐藏一切冗余元素，见图 5-3（b）。

5.2.1　定义设备的类型

进入设备与系统多专业 Equipment Arrangement 模块，如图 5-4 所示，具体步骤如下：

第 1 步：点击“Set Object Type”按钮，弹出“设置对象类型”对话框。

第 2 步：使用类浏览器，选择相应的设备类型。

第 3 步：点击打开现有零件，选择提前创建的原始模型。

第 4 步：点击“确定”后，该原始模型就出现在结构树及视图区域中。

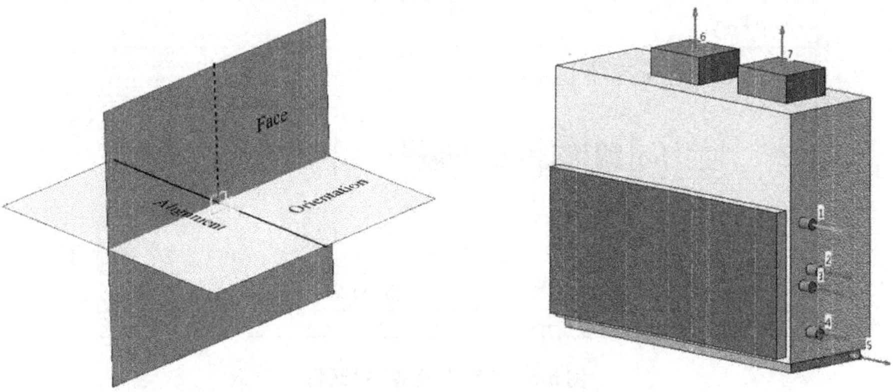

(a)　　　　　　　　(b)

图 5-3　连接点定位元素与设置连接点后的设备

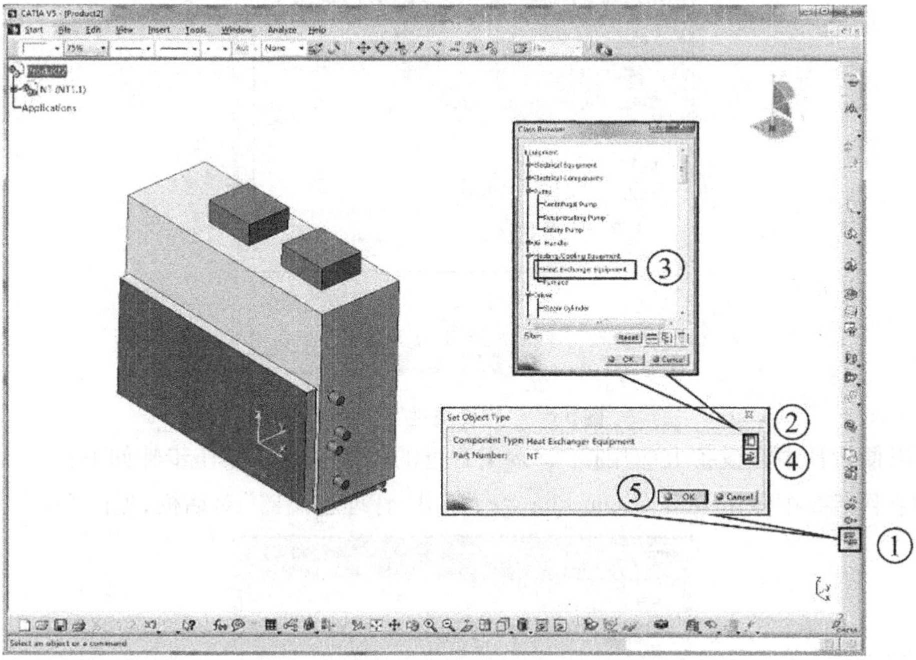

图 5-4　定义设备类型

5.2.2　定义属性

定义完毕设备类型，根据需要继续定义设备其他相关属性。点击图 5-5 中属性按钮 ，弹出“定义属性”对话框，如图 5-6 所示，对于不同的设备类型，对话框中会出现不同的属性，其属性的名称需要通过特征字典（特征字典部分属于更进一步的应用，本书不做专门讲解，可参考其他相关书籍）进行定义，定义后的属性可以在材料表中快速统计。

5.2.3　定义连接点

定义连接点（Define Connector），即利用已建模型的几何信息，如面、轴等来确定信息点

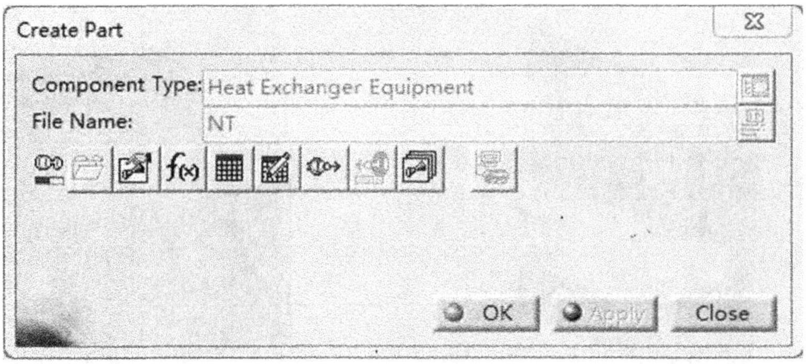

图 5-5 “生成设备”对话框

图 5-6 “定义属性”对话框

的位置，以便设计中在设备上应用接入/接出管道的位置。具体操作步骤如下：

（1）在图 5-5 中点击 Build Connector ，弹出“管理连接器”对话框，见图 5-7。

图 5-7 “管理连接器”对话框

（2）在图 5-7 中，点击“添加”按钮，弹出图 5-8 所示的对话框，可以选择“定义新的几何图形”或“使用现有几何图形”选项，进行连接点定义，一般选择“使用现有几何图形”。

（3）勾选“使用现有几何图形”，分别在模型上选取合适的 Face、Alignment 与 Orientation 三个定位元素，点击“确定”后即完成定义连接点。

5.2.4 模型文件保存

定义完毕设备类型和属性，可将模型另存为单独的文件以备入库。

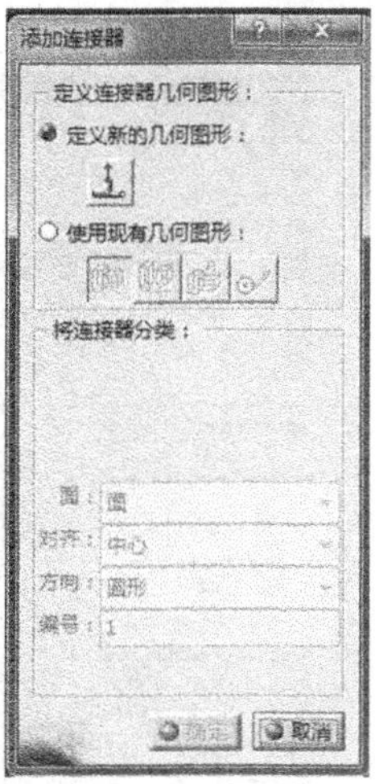

图 5-8 “添加连接器”对话框

5.3 设备入库

CATIA 的设备库通过 catalog 文件来组织管理。可以在结构树中自定义生成章节，也可以利用原有章节添加 family。各专业模块具有默认的单独设备库，设计者宜在该库基础上进行扩展和丰富。为提高应用效率，应建立基于企业标准的机电设备库。

设备入库需要注意以下几点：

（1）模型入库之前需检查模型是否正确。

（2）结构树中与特征字典中的所有命名必须严格统一。

打开后的设备库如图 5-9 所示。

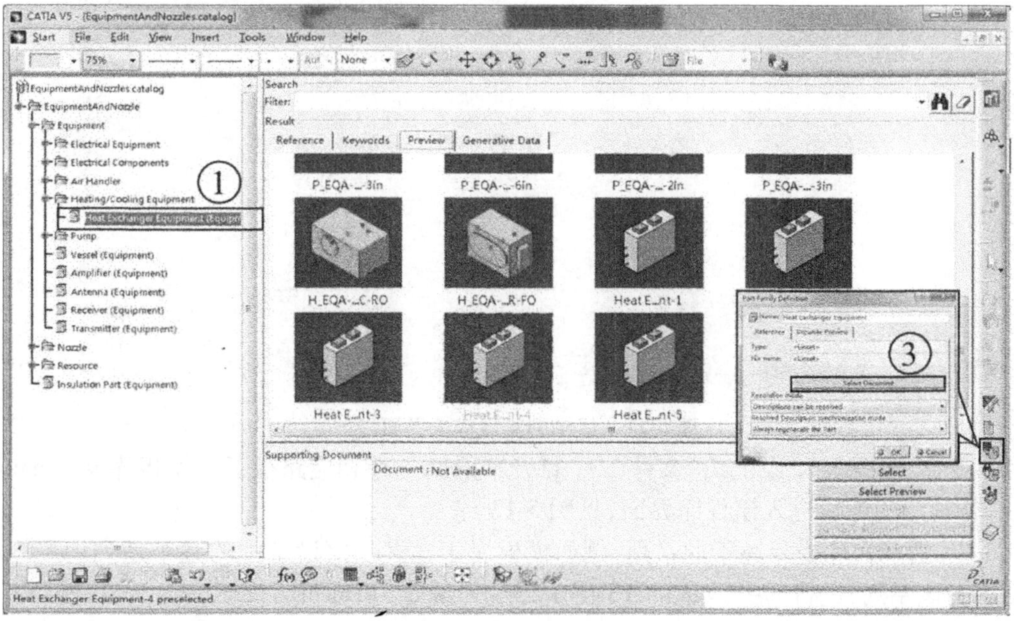

图 5-9 设备库的扩充

5.3.1 设备库扩充

第 1 步：打开 CATIA 软件，选择“基础结构”→“目录编辑器”模块，如图 5-10 所示，生成界面如图 5-11 所示。

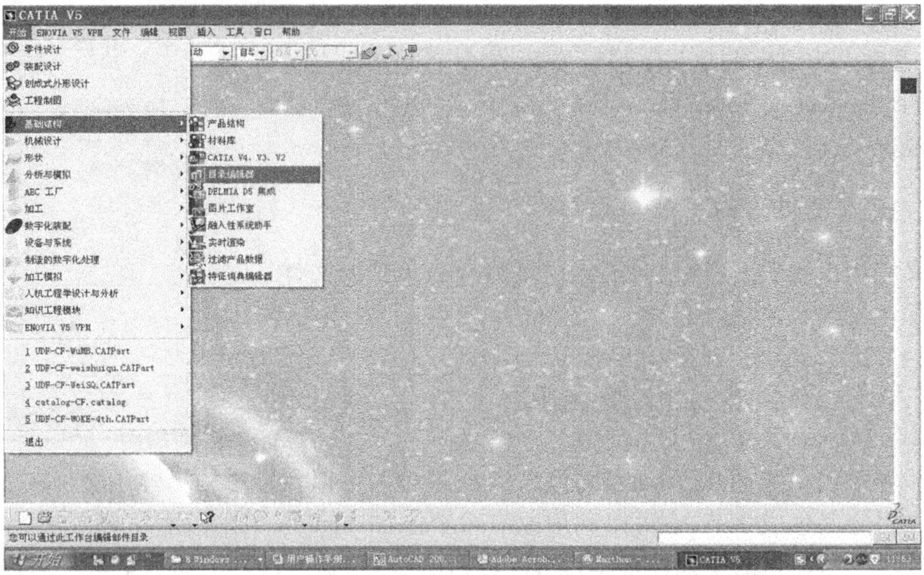

图 5-10　选择目录编辑器界面

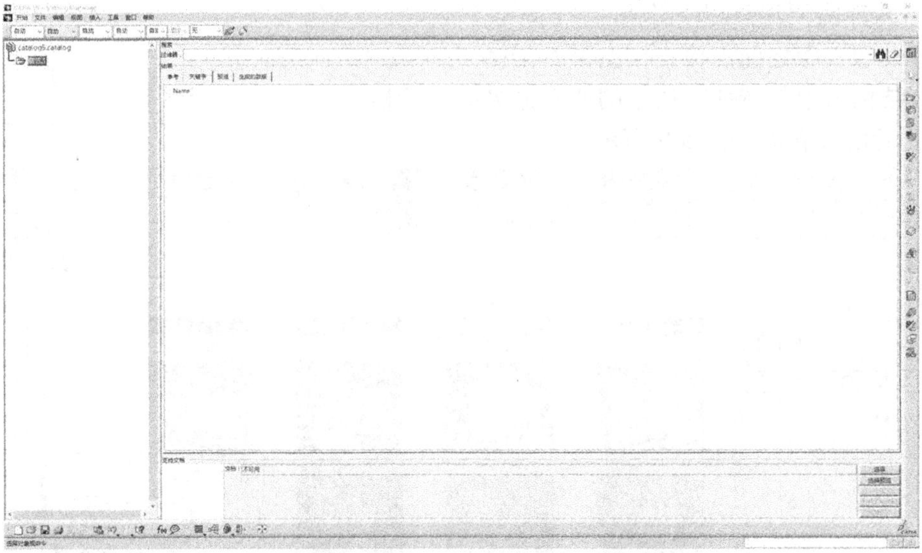

图 5-11　目录浏览器模块界面

第 2 步：点击图 5-11 左上角“文件”→“打开”按钮，选择相应路径下的模板库 *. catalog 文件，点击“打开”即可进入模板库界面，见图 5-12。

第 3 步：选择入库模板属于的系列，例如模板属于电气一次设备中的某个系列（如变压器），则双击该系列，进行选中，如图 5-13 所示，点击“确定”后即可入库。

第 4 步：如果该模板是新的类型，原有模板库中没有相应的系列（如互感器），则需要生成新的系列（如互感器）。双击“电气一次库”，选中如图 5-14 所示；点击增加系列按钮，弹出如图 5-15 所示对话框，对系列进行定义（重命名）；如图 5-16 所示，点击“确定”，则生成新的系列（如互感器），如图 5-17 所示。

图 5-12　模板库目录

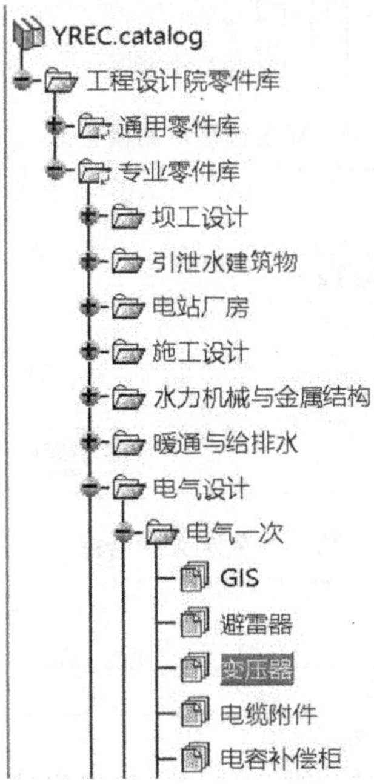

图 5-13　选择相应系列

第 5 步：接着第 3 步，双击变压器系列，然后点击添加部件按钮，弹出对话框如图 5-18所示，对部件名称进行定义，然后选择按钮 选择外部特征 。在其他目标窗口单击知识工程模板中的目标模板，如图 5-19 所示。单击后，窗口自动返回，如图 5-20 所示，类型和文件名中出现特征和文件名路径。点击“确定”按钮，则变压器模板系列中出现新的部件，如图 5-21 所示。

第 6 步：文件保存，完成模板入库的步骤。

重复利用步骤 1 至步骤 3，则可以逐步扩充设备库，增加适合企业标准的各个专业

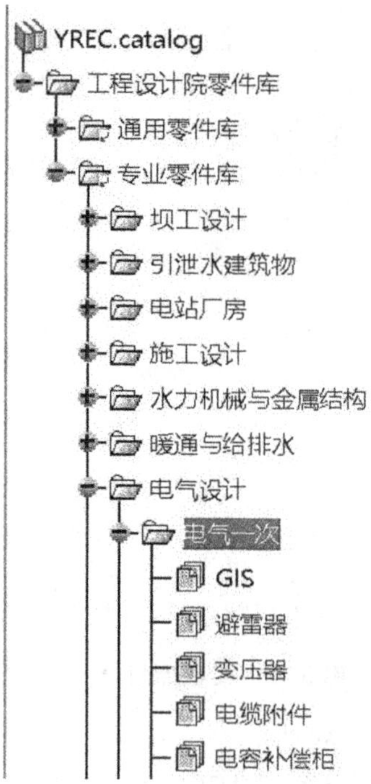

图 5-14　双击选择电站模板库

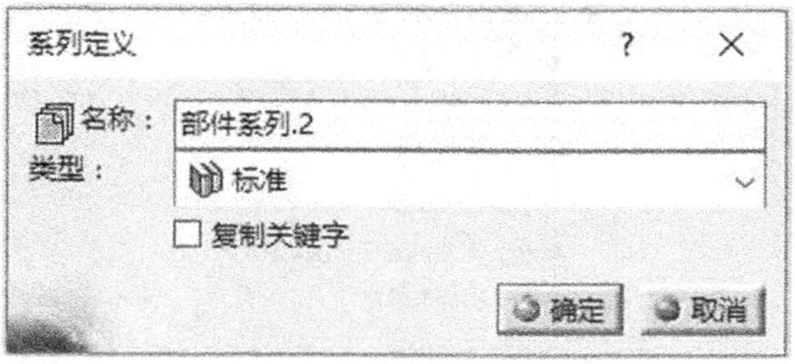

图 5-15　系列定义对话框

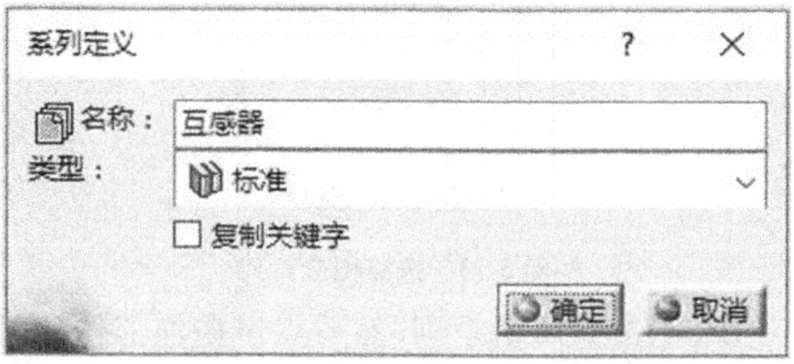

图 5-16　进行系列定义——重命名

设备。

5.3.2　设备解析

入库后应对同类型系列设备产品进行参数化模型解析，即通过在 Catalog 文件中，将一个参数化设备模型自动拓展为一族不同型号尺寸的设备模型。操作步骤如下：

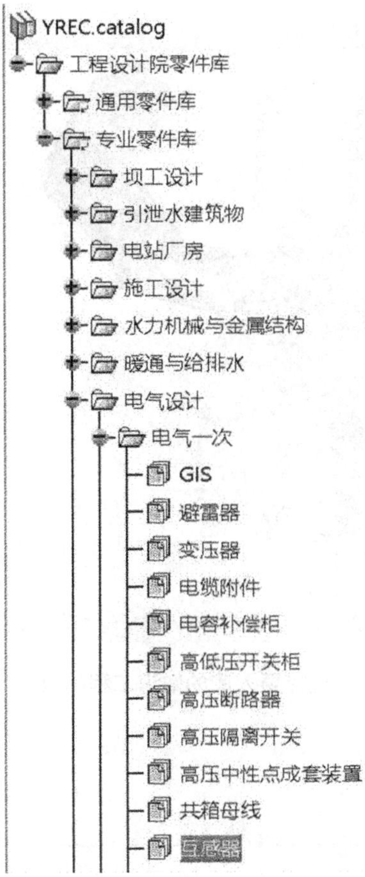

图 5-17　生成互感器系列

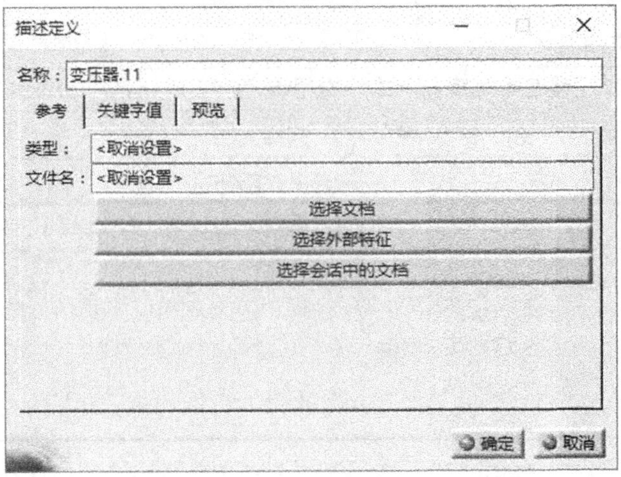

图 5-18　部件描述定义

第 1 步：将模型与 Excel 数据表相关联，数据表如图 5-22 所示。

第 2 步：打开相应的库文件，点击 Add Part Family 按钮，弹出如图 5-23 所示对话框。

第 3 步：在“名称”一栏进行重命名，然后点击“选择文档”按钮，在对话框中选择定义好的暖通空调文件并确定，解析完毕的零件系列如图 5-24 所示。

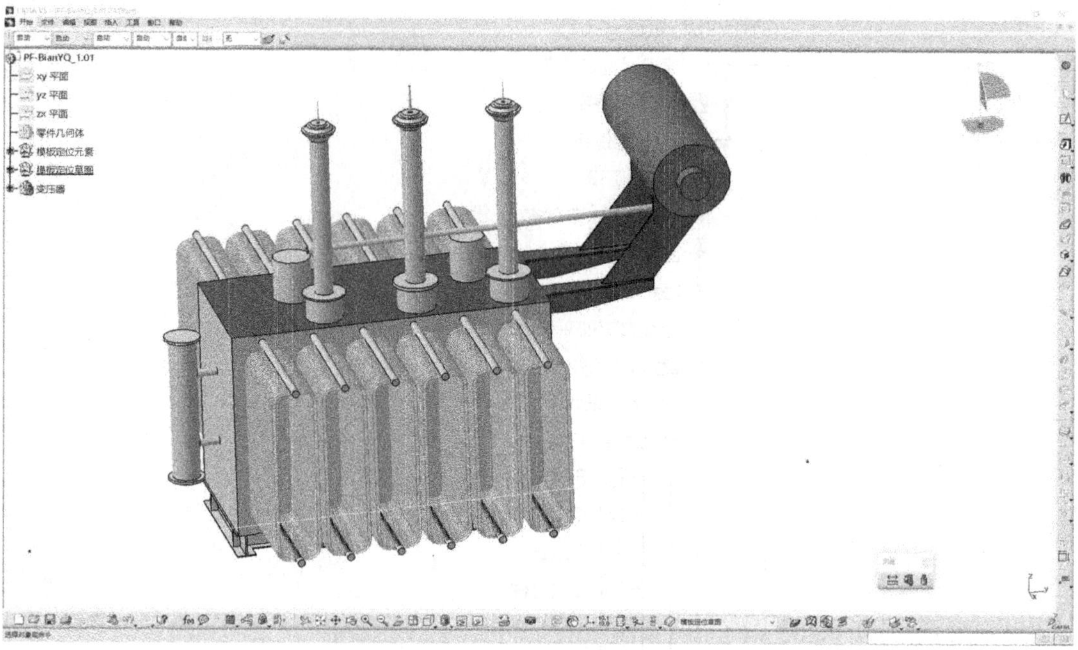

图 5-19　选择要入库的知识工程模板

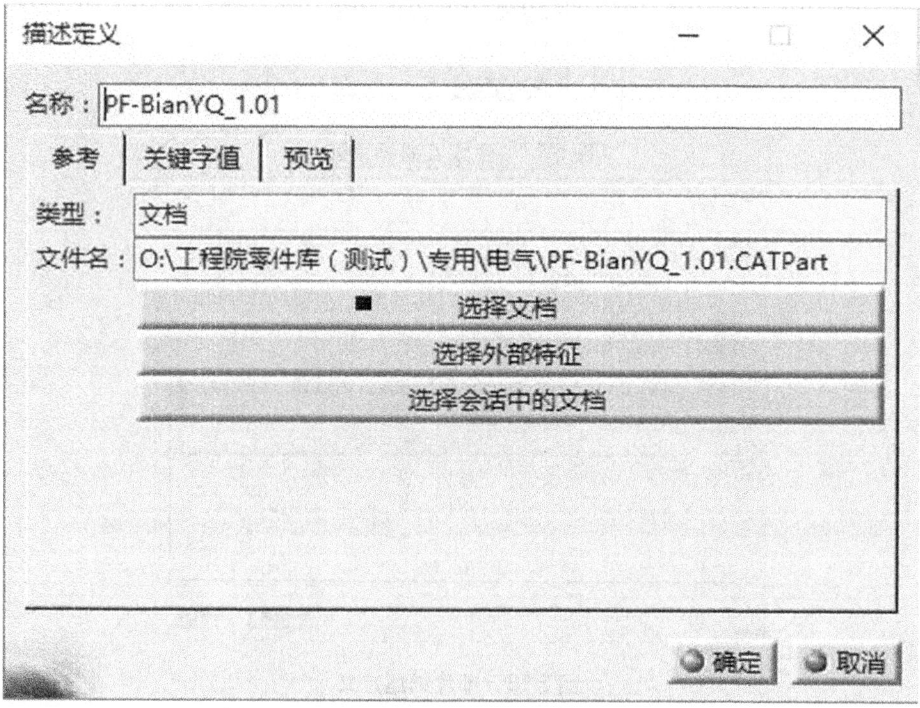

图 5-20　对知识工程模板重命名

图 5-21　模板入库成功

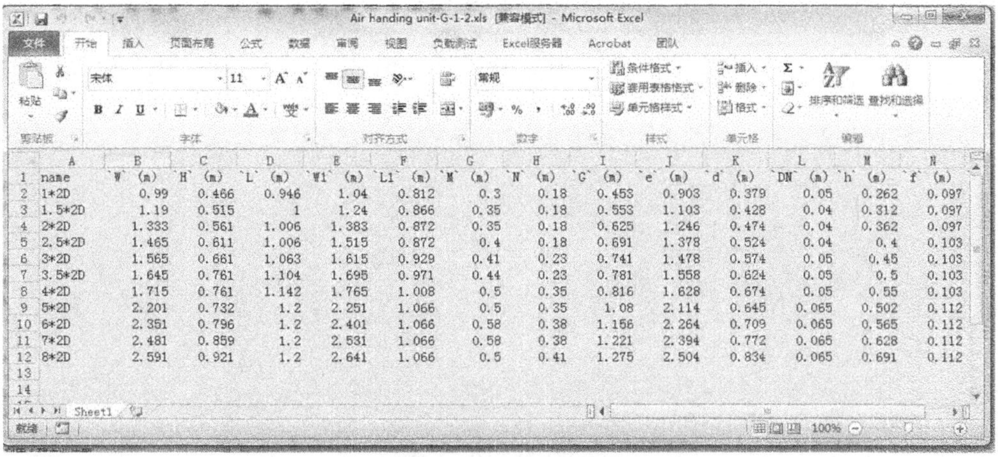

	A	B	C	D	E	F	G	H	I	J	K	L	M	N
1	name	\`W\` (m)	\`H\` (m)	\`L\` (m)	\`W1\` (m)	\`L1\` (m)	\`M\` (m)	\`N\` (m)	\`G\` (m)	\`e\` (m)	\`d\` (m)	\`DN\` (m)	\`h\` (m)	\`f\` (m)
2	1*2D	0.99	0.466	0.946	1.04	0.812	0.3	0.18	0.453	0.903	0.379	0.05	0.262	0.097
3	1.5*2D	1.19	0.515	1	1.24	0.866	0.35	0.18	0.553	1.103	0.428	0.04	0.312	0.097
4	2*2D	1.333	0.561	1.006	1.383	0.872	0.35	0.18	0.625	1.246	0.474	0.04	0.362	0.097
5	2.5*2D	1.465	0.611	1.006	1.515	0.872	0.4	0.18	0.691	1.378	0.524	0.04	0.4	0.103
6	3*2D	1.565	0.661	1.063	1.615	0.929	0.41	0.23	0.741	1.478	0.574	0.05	0.45	0.103
7	3.5*2D	1.645	0.761	1.104	1.695	0.971	0.44	0.23	0.781	1.558	0.624	0.05	0.5	0.103
8	4*2D	1.715	0.761	1.142	1.765	1.008	0.5	0.35	0.816	1.628	0.674	0.05	0.55	0.103
9	5*2D	2.201	0.732	1.2	2.251	1.066	0.5	0.35	1.08	2.114	0.645	0.065	0.502	0.112
10	6*2D	2.351	0.796	1.2	2.401	1.066	0.58	0.38	1.156	2.264	0.709	0.065	0.565	0.112
11	7*2D	2.481	0.859	1.2	2.531	1.066	0.58	0.38	1.221	2.394	0.772	0.065	0.628	0.112
12	8*2D	2.591	0.921	1.2	2.641	1.066	0.5	0.41	1.275	2.504	0.834	0.065	0.691	0.112

图 5-22　与模型相关联的数据表

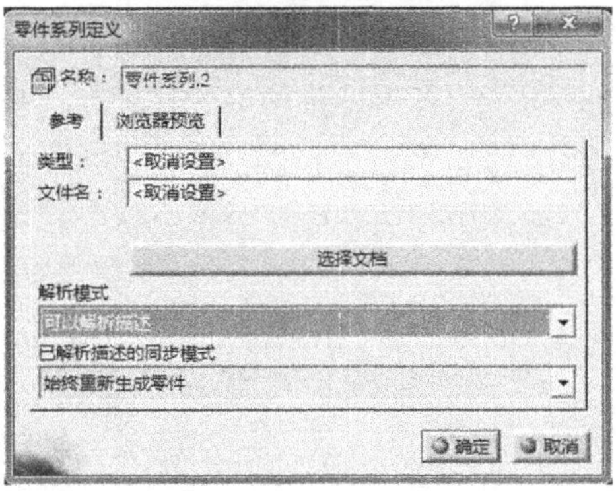

图 5-23　零件系列定义(解析)

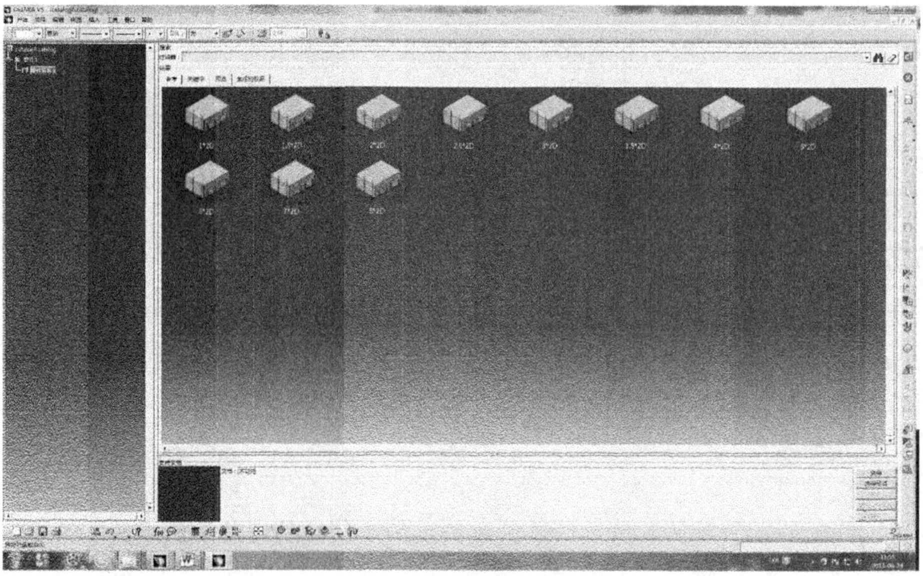

图 5-24　解析后形成的零件系列

第 6 章　设备布置

6.1　模块介绍

6.1.1　模块功能

Equipment Arrangement 模块为用户提供了一整套的工具用来建造和管理工厂、电站及船舶中的设备。可利用此模块定义设备的属性，使得设备不仅具有几何信息，还具有其他非几何信息，如连接器等。这些设备可以在下游设计专业反复应用，为下游设计专业提供了更多的便利。

本模块主要功能有：①设备布置；②设备定义属性。

6.1.2　进入模块

在工具栏上单击“开始”按钮，先后选择“设备与系统”→“多专业”→“Equipment Arrangement”，进入 Equipment Arrangement 设备布置模块，见图 6-1。模块界面与其他专业模块界面风格类似，见图 6-2，可与装配模块之间相互切换。

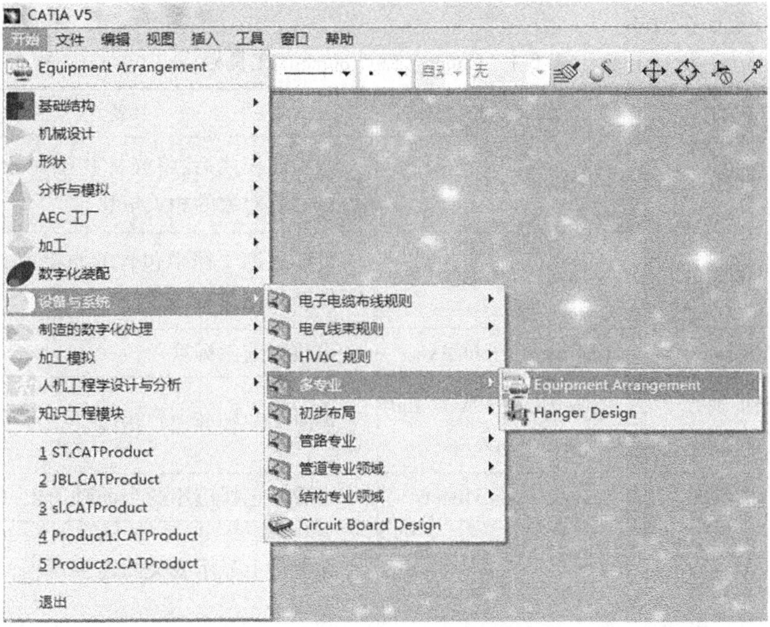

图 6-1　进入 Equipment Arrangement 设备布置模块

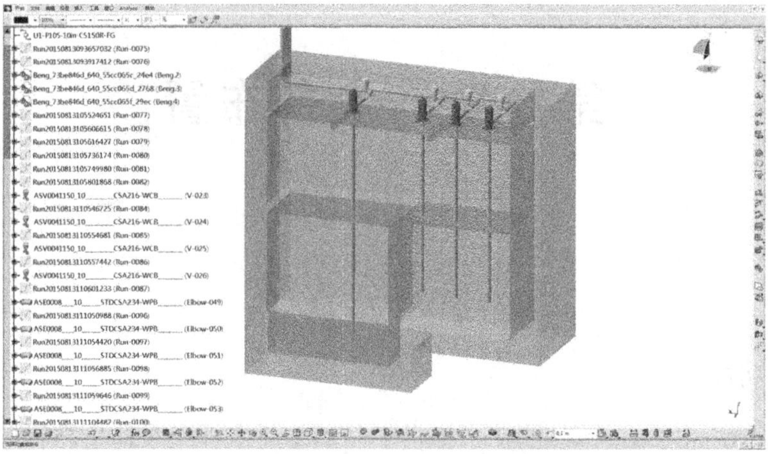

图 6-2　Equipment Arrangement 模块典型界面

需注意,通过本模块布置完毕的设备,并没有与土建体型的位置产生关联关系,不会随着土建体型移动而自动更新位置。而装配模块中,设备与参照物之间具有约束关系,具备自动更新功能,这是 Product 模块与 Equipment Arrangement 模块布置设备的本质区别。Equipment Arrangement模块与装配设计模块在设计中可根据实际需求,相互自由切换。

6.1.3　命令介绍

Equipment Arrangement 模块主要包括 General Environment、Design Modify、Building Create、General Design 等工具栏,通过这些命令工具,可完成机电设备的布置,各工具栏命令介绍如表 6-1～表 6-4 所示。

表 6-1　General Environment 工具栏

图标	中文名称	英文名称	备注
	分析项	Analyze Item	选中此模式后,将光标移至对象或选择对象后可以显示对象的相关信息
	查询自动零件	Query Auto-Parts:	可以查询文档中包含的自动零件,也可将自动零件转换为非自动零件
	更改当前轴	Change Current Axis	更改当前坐标系
	更改当前轴并捕捉指南针	Change Current Axis and Snap Compass	更改当前轴并捕捉指南针
	当前轴历史	Current Axis History	查看或选择应用的当前轴历史列表
	在零件上显示或关闭连接器	Show/Hide Connector Display on a Part	在零件上显示或关闭连接器
	转换到设计模式	Convert to Design Mode	转换到设计模式
	偏移平面	Offset Plane	依附已有面生成参考面

续表 6-1

图标	中文名称	英文名称	备注
	高级偏移平面	Advanced Offset Plane	应用多种方法生成参考面
	切换到操作手柄模式	Toggle Manipulation Handle Mode	切换到操作手柄模式
	捕捉当前轴的下降步幅	Snap to Steps Off Current Axis	坐标值以当前轴原点为基准
	捕捉最后位置的下降步幅	Snap to Steps Off Current Axis	坐标值以最后一步坐标值为基准,即(ΔX,ΔY)
	捕捉 XY 构造平面	Snap to XY Construction Planes	捕捉 XY 构造平面
	关闭碰撞检测	Clash Detection (Off)	碰撞检测模式方面的设置
	打开碰撞检测	Clash Detection (On)	
	碰撞停止	Clash Detection (Stop)	

表 6-2　Design Modify 工具栏

图标	中文名称	英文名称	备注
	编辑零件参数	Edit Part Parameters	编辑零件参数
	移动/旋转线路上的零件	Move/Rotate Part on the Run	对管路上管件进行移动或者旋转,对设备库插入的设备不适用
	连接零件	Connect Parts	连接两个零件的连接点
	断开连接零件	Disconnect Parts	断开两个已经连接的零件的连接点
	转移元素	Transfer elements	对文档结构树进行操作整理

表 6-3　Building Create 工具栏

图标	中文名称	英文名称	备注
	生成设备零件	Create Part	生成设备零件
	建立连接点	Build Connectors	建立连接点
	设置设备类型	Set Object Type	设置设备类型
	布置设备	Place Equipment	利用设备库进行设备布置

表 6-4　General Design 工具栏

图标	中文名称	英文名称	备注
	侧边对齐	Align Side	对齐零件的侧边
	中间对齐	Align Center	对齐零件的中心
	旋转	Rotate to Align	零件旋转
	均布	Distribute	在某方向上均布选中的设备
	面对齐	Align Two Planes	面对齐
	快速移动	Quick Translate	快速移动
	吸附	Snap	吸附
	三点吸附	Snap Three Points	三点吸附
	中间点吸附	Snap Center of Polygon	中间点吸附

6.2　设备布置步骤

设备布置主要步骤是：首先在设备库中选择相应设备，然后将设备初步布置到相应高程面上，最后应用相应手段精确定位设备。

注意：涉及设备库的应用，自定义设备库部分请参见第 4 章。

6.2.1　设备初步布置

设备初步布置主要包括：通过设备功能选择插入设备和通过设备库选择插入设备两种方式。利用 Place Equipment 命令进行设备布置，该命令可依次根据设备的功能类型、零件类型、零件编号从指定的设备库中选择相应设备布置到模型中。

6.2.1.1　通过设备功能选择插入设备

（1）点击 Place Equipment 按钮，弹出“放置设备”对话框，如图 6-3 所示。

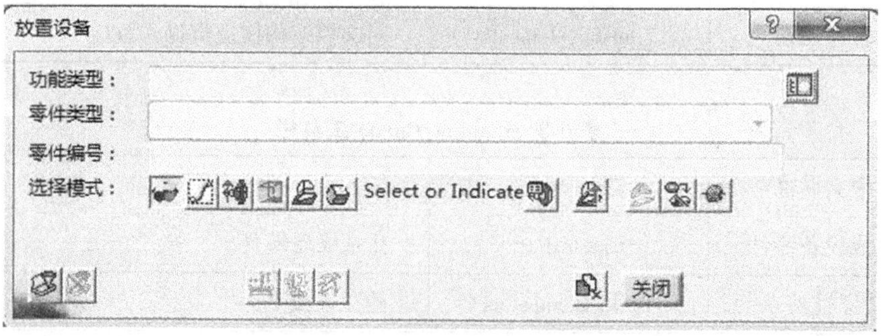

图 6-3　“放置设备”对话框

（2）点击图 6-4 中浏览器按钮，打开“类浏览器”对话框，选择合适的功能类型，如在功能类型系列中选择“泵功能”。

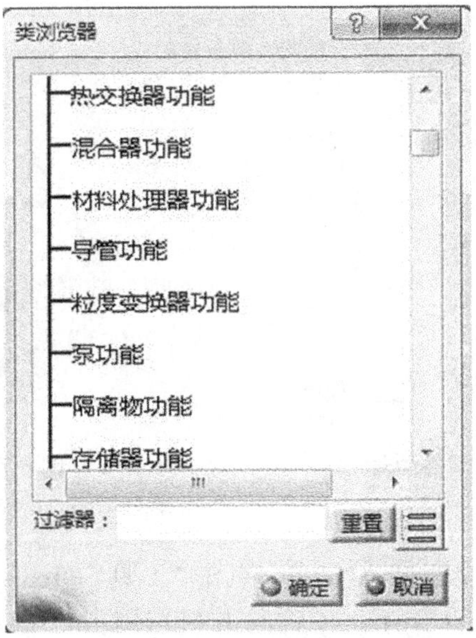

图 6-4 “类浏览器”对话框

(3)选择“泵功能”类型，弹出“放置设备”对话框，如图 6-5 所示，图中选择“零件类型”的下拉箭头，可选择“泵功能”类型下的“离心泵”零件类型。

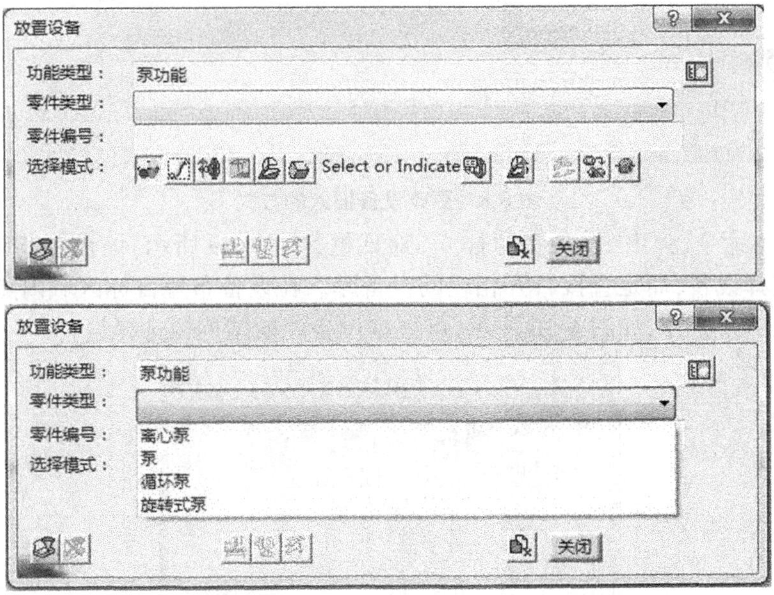

图 6-5 “放置设备”对话框中选择“零件类型”为泵

(4)选择“离心泵”零件类型后，弹出“选择零件(非规格)”对话框，选择相应的零件类型，如“P_EQA-S-Pump-3in”，见图 6-6。

(5)在相应工作区域内点击鼠标左键，完成初步的设备布置，见图 6-7。

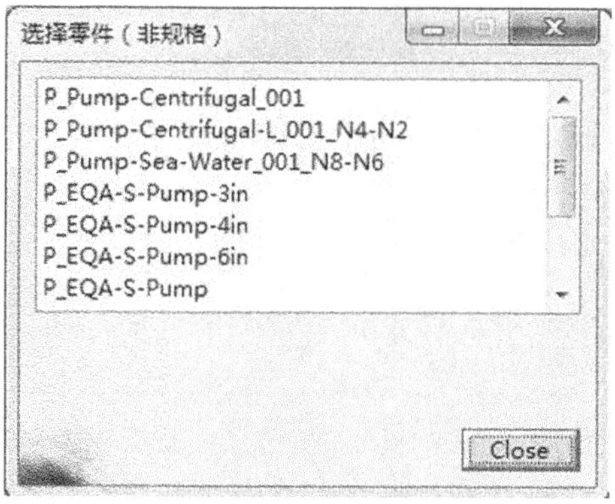

图 6-6　选择相应的零件型号

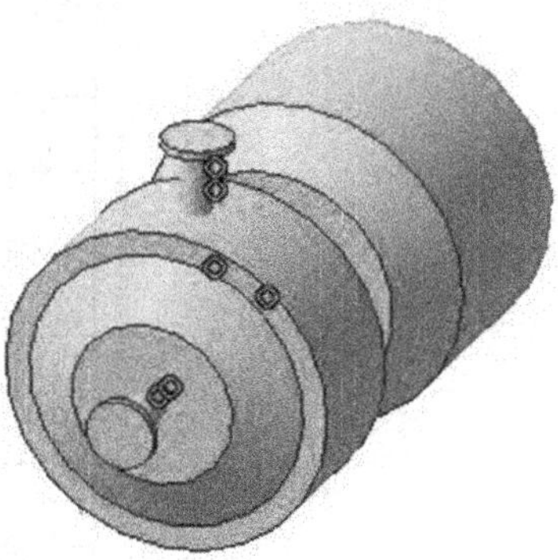

图 6-7　插入某型号的泵

6.2.1.2　通过设备库选择插入设备

（1）更改 CATIA 设置，改变插入方式。点击“工具”（Tools）→“选项”（Options），选择“设备与系统”（Equipment and Systems）后点击“设计标准”（Design Criteria）选项卡，选中“不使用功能放置零件”（Part placement without function）选项。设置完毕后，点击“OK”返回设备布置界面，如图 6-8 所示。

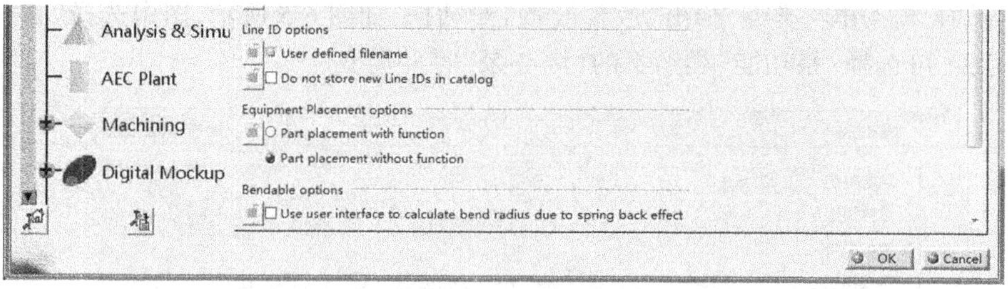

图 6-8　更改设备插入的方式

（2）点击命令，弹出“设备资源插入”对话框，如图 6-9 所示，该命令将不再使用功能类型的方式选择设备，而是直接打开相应的设备库。在设备布置目标区域内点击鼠标左键，直接打开相应的设备库，如图 6-10 所示，可根据设备库的结构树选择设备。

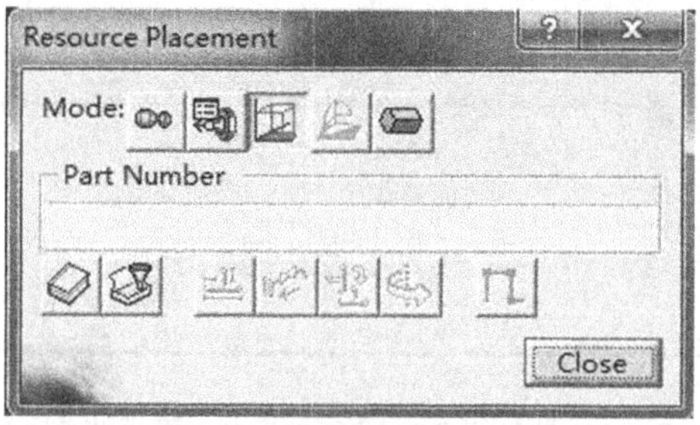

图 6-9　“设备资源插入”对话框

（3）在设备库结构树中依次选择“Equipment\Pump\Centrifugal Pump（Equipment）”，在右侧区域选择编号为 P_EQA-S-Pump 的设备，见图 6-11。

（4）在相应工作区域内点击鼠标左键，完成初步的设备布置，如图 6-12 所示。

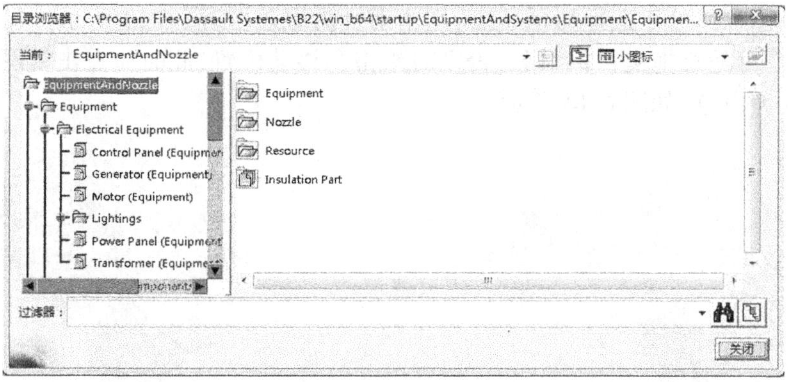

图 6-10　通过结构树选择设备

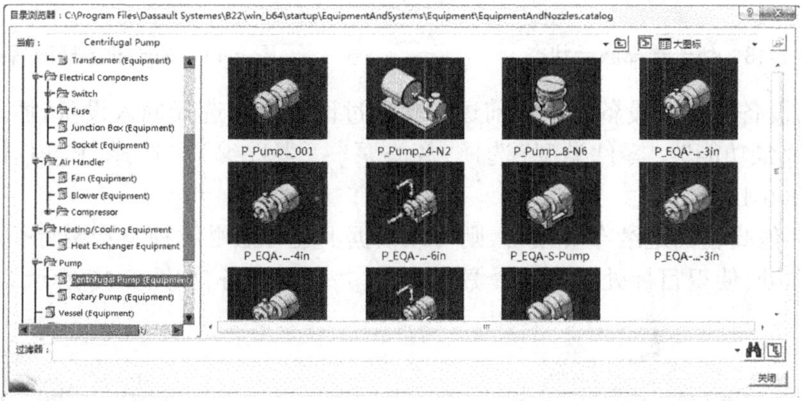

图 6-11　在结构树中选择相应的设备

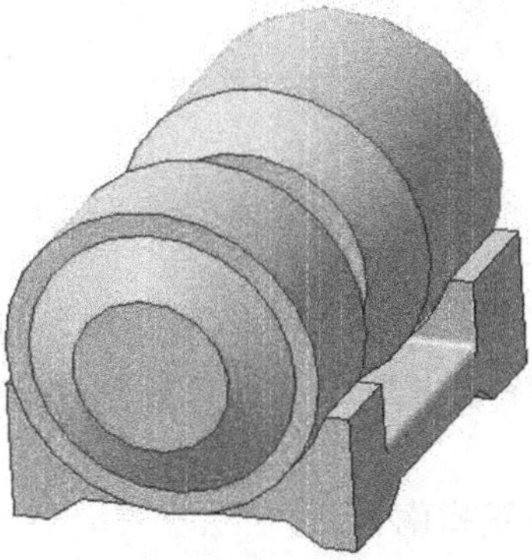

图 6-12　插入编号为 P_EQA-S-Pump 的设备

注意：两种插入设备的方法略有差异，其本质是一样的，即插入设备库中的设备。

6.2.1.3　布置设备到相应的高程上

以上插入设备的方法，默认情况下，插入的位置处于 Z=0 面上。实际工程中，设备往往布置于不同的高程上，如基坑中的设备、楼板下悬挂的风机等。此时利用指南针来确定布置设备基准高程面。操作步骤如下：

（1）移动指南针至目标高程。将鼠标放置在指南针原点处（红点处），鼠标由箭头形状变为十字架形状，此时左键点击拖曳指南针至目标对象，可根据实际需求放置指南针至目标高程面。若目标物体处于选择激活状态，则指南针为绿色，如图 6-13 所示。需注意：指南针绿色状态下，不可随意拖曳目标对象，否则对象将会移动位置，此时应点击视图区空白区域，使鼠标指针变为白色，如图 6-14 所示。

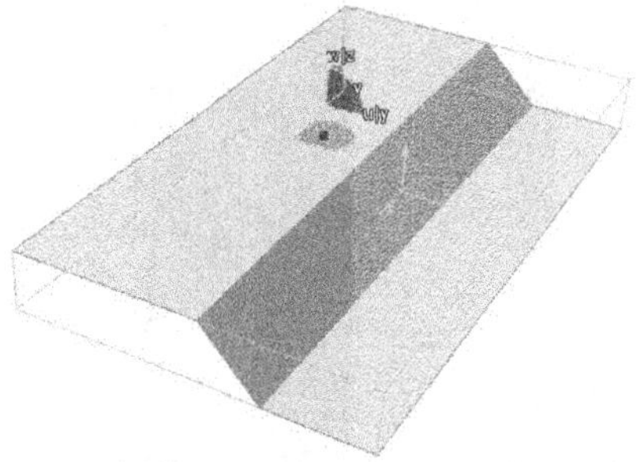

图 6-13　处于选择激活状态

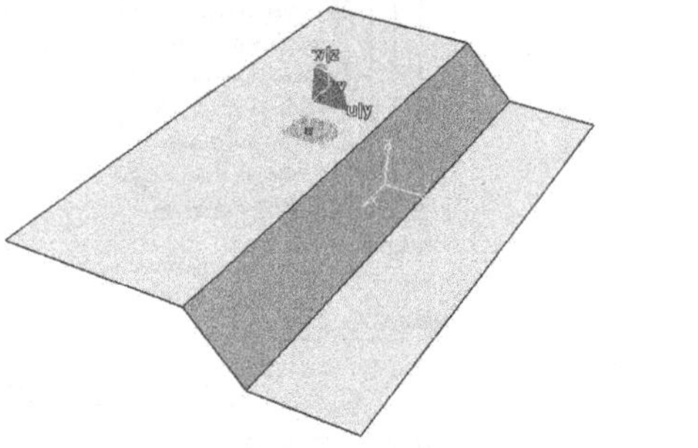

图 6-14　处于非选择激活状态

(2)应用设备库插入设备。根据前述步骤通过设备功能选择插入设备，插入的设备“功能类型”选择“泵功能”，“零件类型”选择“离心泵”，“零件编号”选择“P_EQA-S-Pump”，布置设备如图 6-15 所示。

如想在其他高程面继续布置设备，则可以根据上述方法继续拖曳指南针至相应高程面，单击视图空白处，使得目标处于非选择激活状态，并布置设备，如图 6-16 所示。

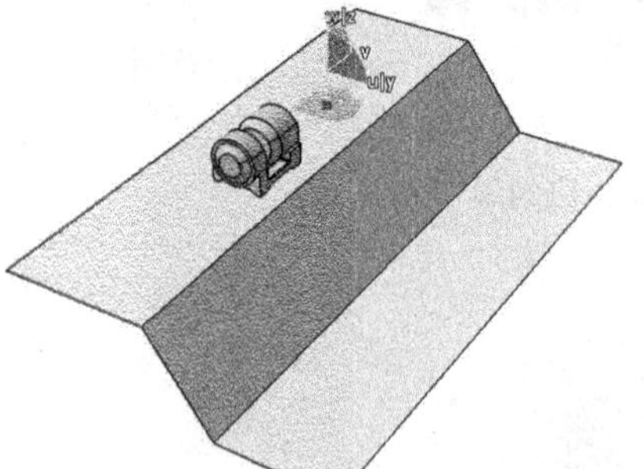

图 6-15　将设备布置到相应高程面

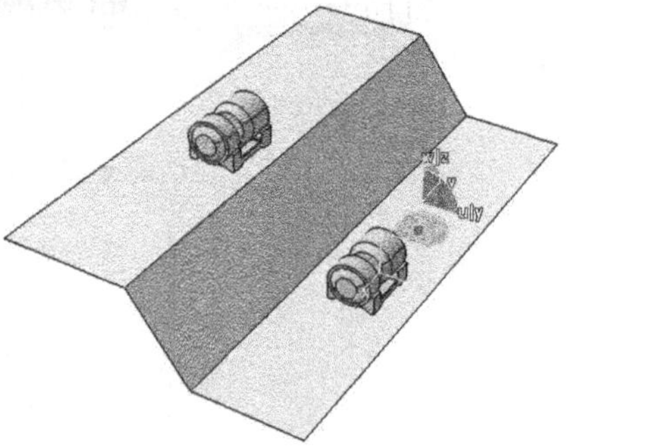

图 6-16　将设备布置到其他高程面

(3)重置指南针。重置指南针是指将指南针恢复到默认位置，如图 6-17 所示，方法有以下两种：

①点击工具栏“视图”→“重置指南针”。

②拖曳指南针至默认位置附近释放。

6.2.2　设备位置精确调整

初步布置完设备后，可通过以下三种方式对设备进行精确定位，根据实际情况选择不同的定位方式：

(1)直接调整设备的坐标值。

(2)通过其他参考定位元素进行定位。

(3)直接通过指南针进行定位。

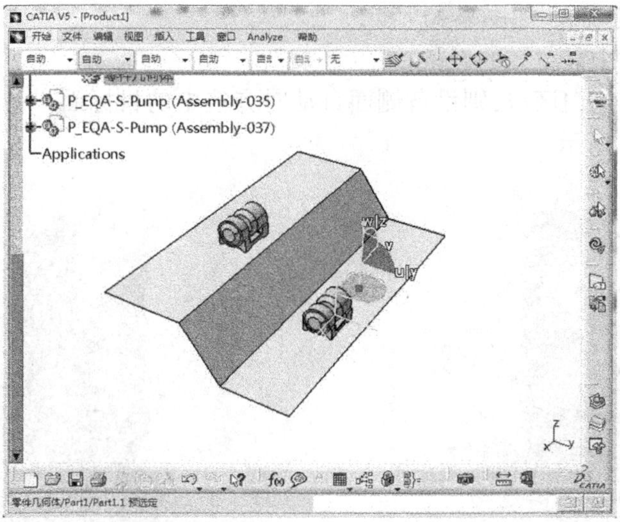

图 6-17　重置指南针

6.2.2.1　根据坐标值调整

此方法适合已知设备布置定位点准确坐标信息的情况，如图 6-18 所示。

（1）明确设备定位点的信息。

（2）明确设备定位点在布置区域的精确位置。

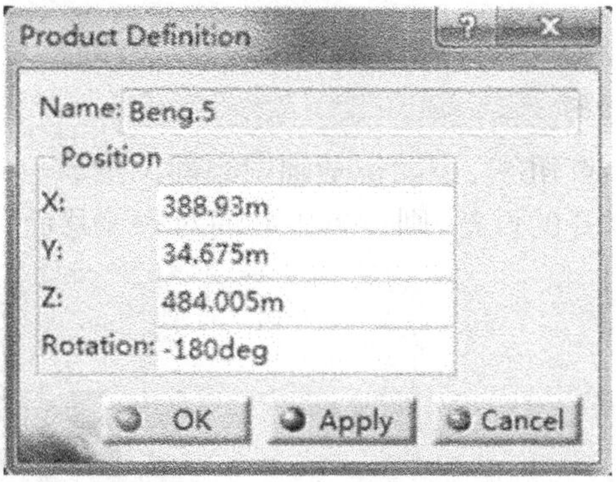

图 6-18　调整设备坐标点

6.2.2.2　根据其他元素进行位置调整

插入的设备一般情况下只是初步定位，位置或方向都不满足要求，需要对其进行精确定位，比如对齐某面，或者使设备移动某一特定距离或旋转特定角度等。需要应用对齐粘贴及镜像命令，完成以下工作：将设备中心面或侧面对齐自定义的偏移面；围绕偏移面进行旋转；指定距离均布设备；智能移动或镜像等。对齐粘贴及镜像命令如图 6-19 所示。

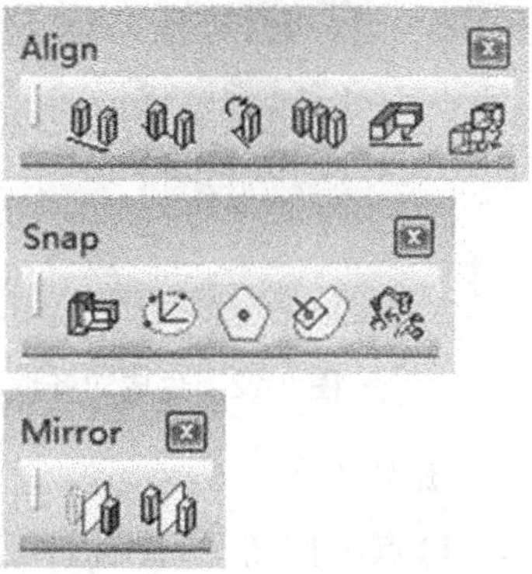

图 6-19　对齐粘贴及镜像命令

1.设备侧面对齐偏移面

（1）点击按钮，光标转变为一平面与轴。

（2）移动光标靠近建筑物，使得光标吸附于对齐目标面后单击鼠标左键确定,如图 6-20 所示。

(3)单击结构树中需对齐的设备。

(4)单击视图中空白区域,则设备侧面自动对齐选中的目标面。每单击一次,改变一次对齐方向,如图 6-21 所示。

图 6-20　选择对齐目标

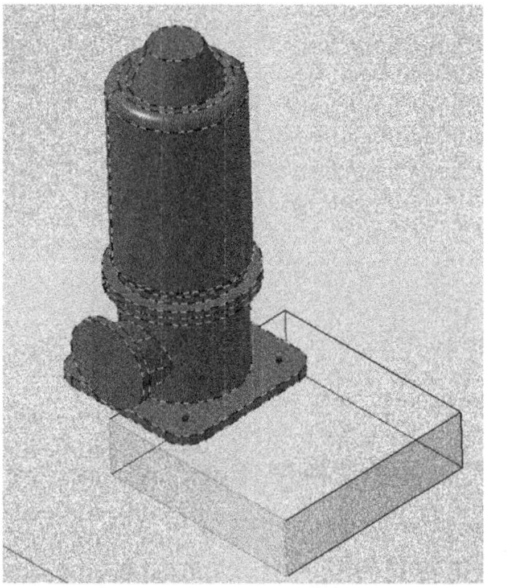

图 6-21　设备对齐偏移面

(5)反复利用此方法,则设备可以从各个方向对齐偏移面。

2.设备中心面对齐偏移面

(1)点击高级偏移平面按钮,在设备基础中心部位生成一偏移面,如图 6-22 所示。

(2)单击结构树中需对齐的设备,则设备中心面对齐偏移面,如图 6-23 所示。

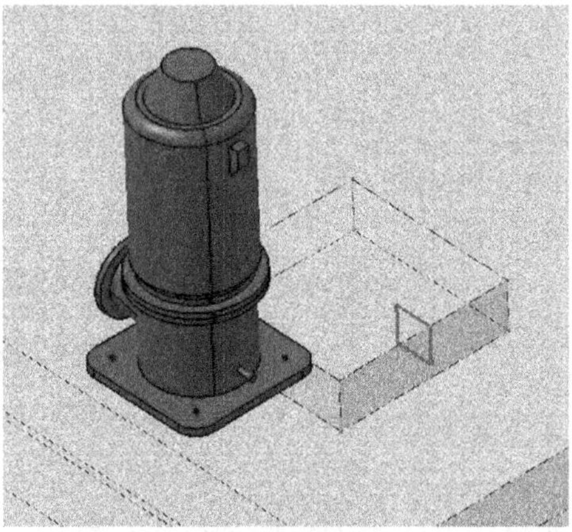

图 6-22　生成对齐偏移面

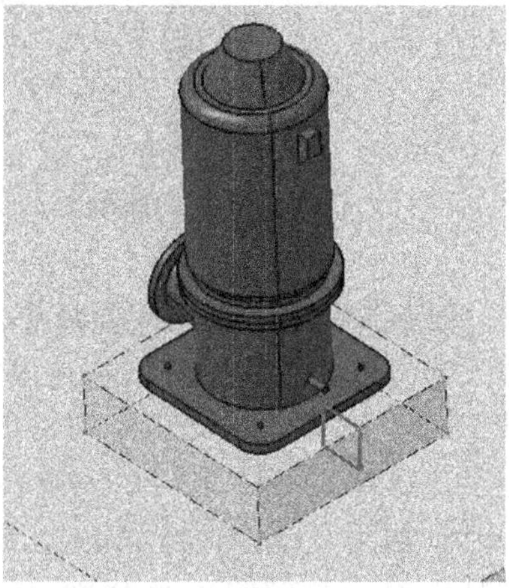

图 6-23　将设备对齐偏移面

3.旋转设备

(1)点击按钮,光标转变为一平面与轴。

(2)移动光标靠近建筑物或设备,使得光标吸附于旋转参考面后单击鼠标左键确定。

(3)单击结构树中需对齐的设备。

（4）单击视图中空白区域，每单击一次，设备旋转 90°，如图 6-24、图 6-25 所示。

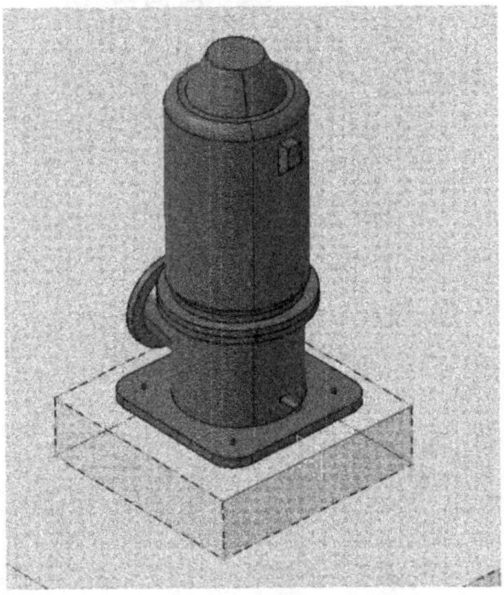

图 6-24　选择旋转参考面

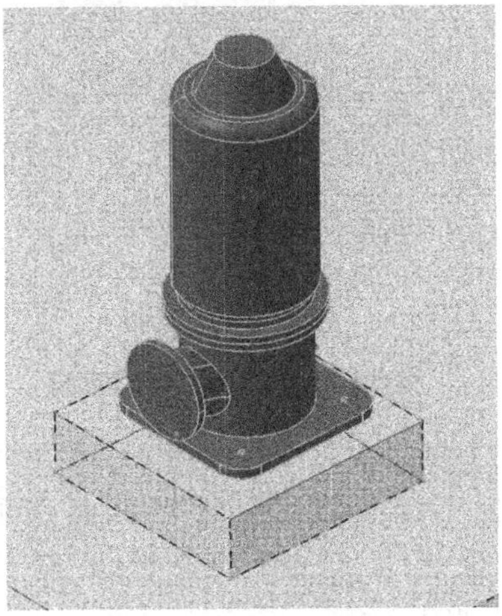

图 6-25　将设备旋转

4.对齐设备两面

（1）点击按钮，光标转变为一平面与轴，选择要参考的对齐面（目标面）。

（2）移动光标靠近要移动的设备，使得光标吸附于设备上移动基准面后单击鼠标左键确定。

（3）设备移动，使得基准面对齐目标面。

5.均布元素

（1）精确定位需要均布的设备首末两端的位置（均布的设备的距离以首末两端设备的位置为基准均布），如图 6-26 所示。

（2）通过结构树选中需要均布的系列设备，选择完毕后单击均布按钮，如图 6-27 所示。

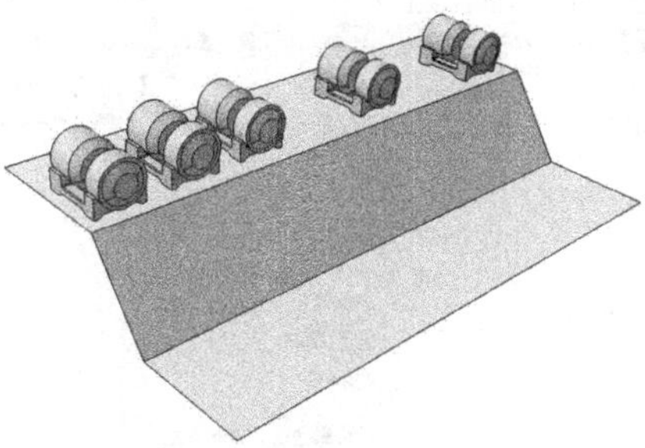

图 6-26　定位首末两端设备定位

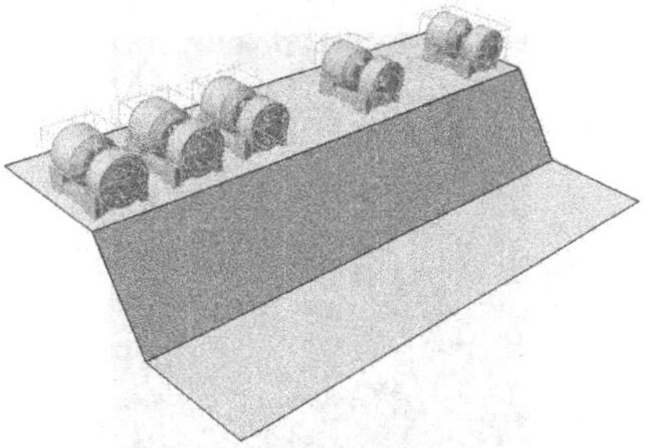

图 6-27　选择需均布的设备

（3）提示选择均布的方向，通过鼠标选择建筑物或设备的边线选择均分方向，如图 6-28 所示。

（4）选中系列设备在选定方向上均布，结果如图 6-29 所示。

6.快速移动

快速移动命令可以快速移动设备，提供以下几种移动模式：点到点、点到线、点到面、面到面、面到点、线到面、信息点到信息点。

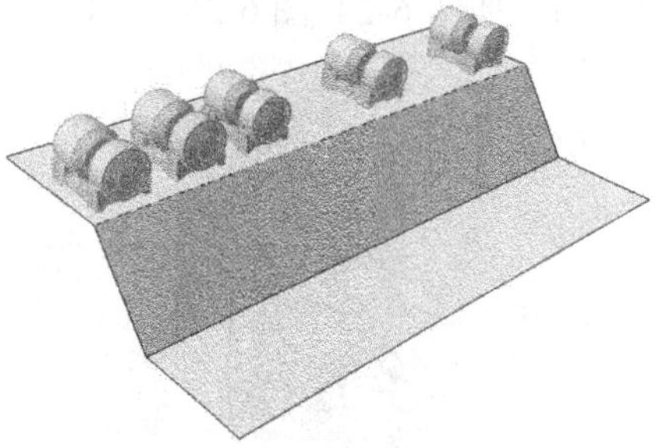

图 6-28　选择需均布的方向

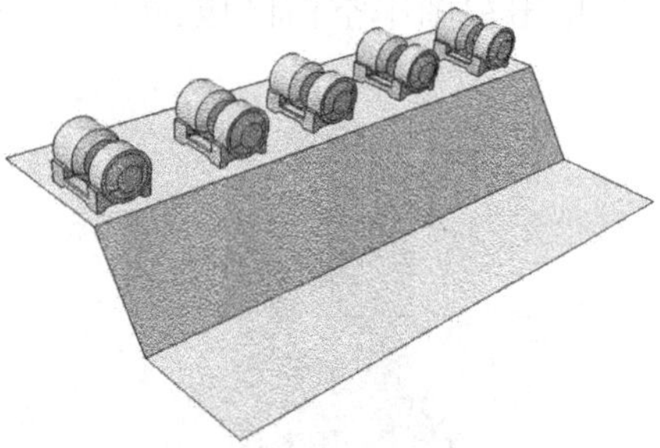

图 6-29　设备均布结果

(1) 点击快速移动按钮,弹出“平移”对话框,如图 6-30 所示。

(2)点击“从元素”下的四个选项,可选择点、线、面、信息点选项,选择“从元素”的同时,选择了移动的设备。

(3)点击“至元素”下的相应选项,完成设备的快速移动。

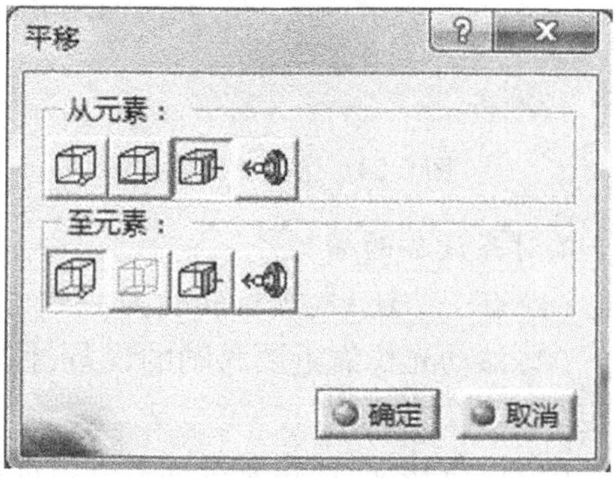

图 6-30　“平移”对话框

6.2.2.3　**通过指南针直接调整**

利用指南针(见图 6-31)移动设备是非常便捷的方法之一。首先需要设置指南针的参数,然后将指南针依附于某设备,最后选择移动或旋转方向拖动光标即可。

指南针位于屏幕右上角,用于移动或旋转对象。通过视图工具,单击“重置指南针”可以重置指南针恢复到程序默认状态。查看“视图”→“指南针”,若“指南针”命令处于勾选状态,则图形区显示指南针,如图 6-32 所示;若“指南针”命令处于非勾选状态,则图形区隐藏指南针。

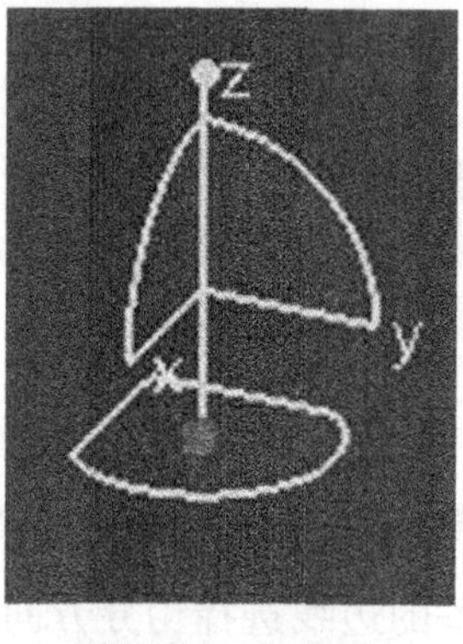

图 6-31　指南针

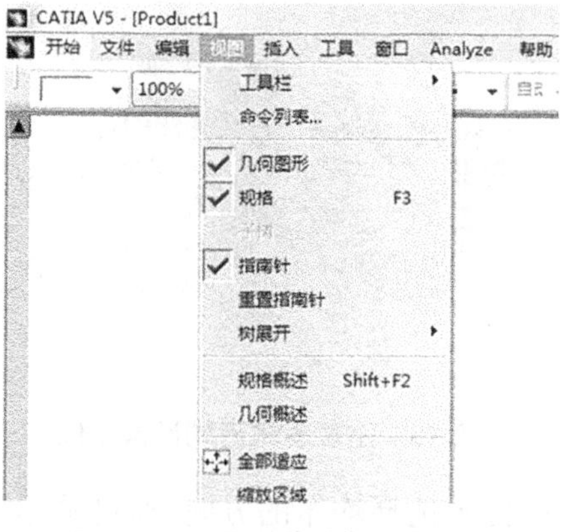

图 6-32　隐藏显示或重置指南针

1.设置指南针参数

将光标移动至指南针,接触光标的部位会处于选中状态,单击鼠标右键,选择“编辑”,弹出设置指南针参数的对话框,见图 6-33。

图 6-33 中,有平移增量和旋转增量两个变量共六个参数可以设置。平移增量是沿某轴

方向移动的步长,移动值只能是步长或步长的整数倍。旋转增量是沿某轴旋转的增量,旋转值只能是旋转增量或旋转增量的整数倍。如设备沿 U 轴方向平移 0.2 m,则可以设置沿 U 方向的平移增量为 0.2 m,以确保移动数值的准确性。同理,如设置沿 U 的旋转增量为 90°,则将鼠标放置到 WV 面上,左键拖曳,每旋转一次角度为 90°。

2.拖曳指南针吸附目标

将鼠标放置在指南针原点处(红点处),鼠标由箭头形状变为十字架形状,此时左键点击拖曳指南针至目标对象,可根据实际需求放置指南针(见图 6-34)。若目标物体处于激活状态,则指南针为绿色,此时可以依据上述方法对目标对象进行移动或旋转等动作。

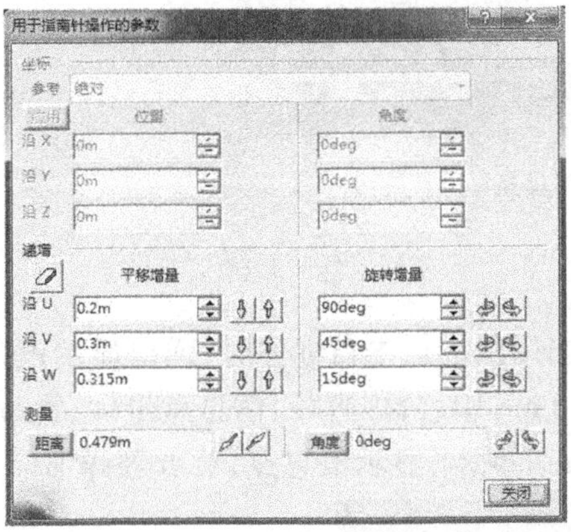

图 6-33 指南针相关参数设置

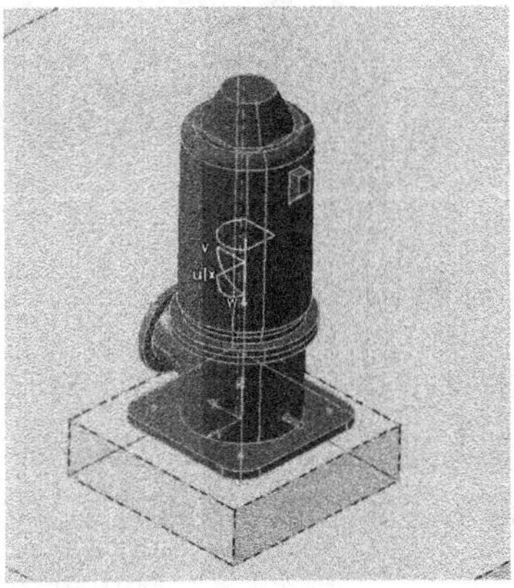

图 6-34 指南针依附于设备

1)移动或旋转目标

拖曳指南针吸附目标后,指南针变为绿色,此时鼠标左键点击 X、Y、Z 三个轴,拖曳可以沿着相应方向移动目标对象,如图 6-35 所示;鼠标左键点击 XY、YZ、ZX 三个弧形面,拖曳可以沿着 Z、X、Y 轴旋转目标对象,如图 6-36 所示。

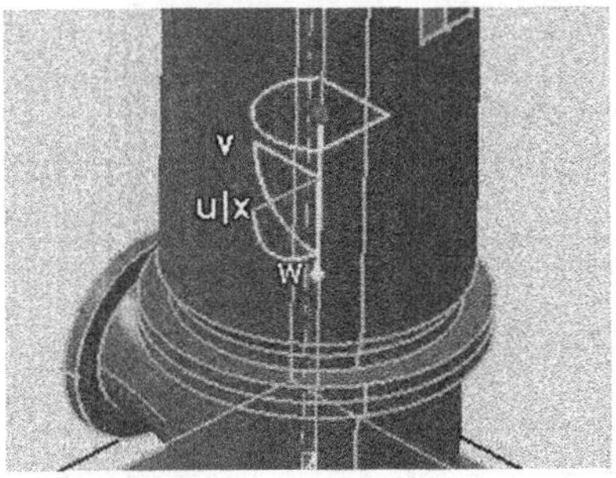

图 6-35 选中指南针轴

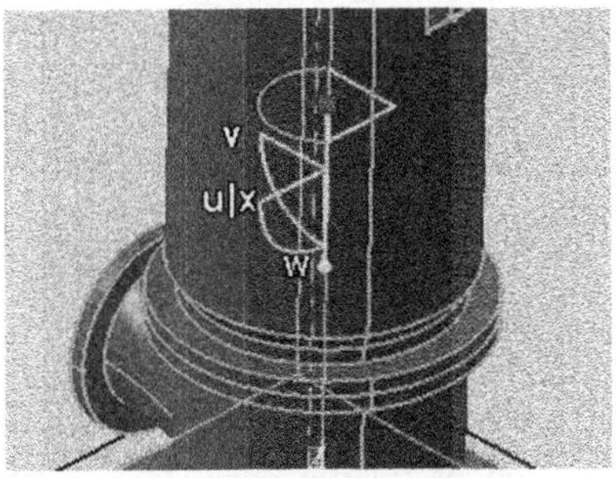

图 6-36 选中指南针旋转方向

若吸附后指南针依然为白色,则用鼠标右键单击目标即可激活鼠标的移动旋转功能。

2)重置指南针

对目标对象进行移动或旋转等动作后,将鼠标放置在指南针原点处(红点处),待鼠标由箭头形状变为十字架形状,左键点击拖曳指南针至图形界面空白处释放,指南针自动归位右上角默认位置。需注意的是,指南针 UVW 方向可能与系统默认方向不一致。若需指南针为默认状态,点击“视图”→“重置指南针”即可。

注意:通过对指南针操作参数的自定义,可以更方便快捷地移动设备。

6.3 环境工具

环境设置包括单位设置、网格步长值和更改坐标系等,此部分设置可以更方便地定义设备的位置,见图 6-37。

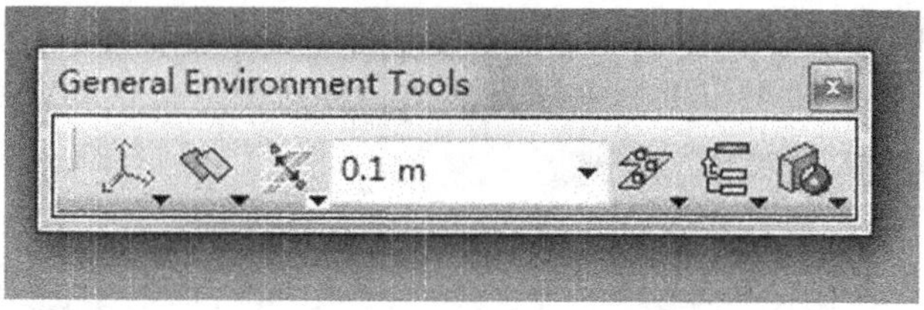

图 6-37 环境工具条

6.3.1 分析项

单击图 6-38 所示工具条中分析项命令后,当用鼠标点击目标体时,弹出显示设备、管道和信息点的信息对话框(见图 6-39)。信息包括 Line ID、公称直径、信息点坐标、管道长度等相关信息。如需进一步的信息,点击对话框中按钮,显示信息点、节点等详细信息。

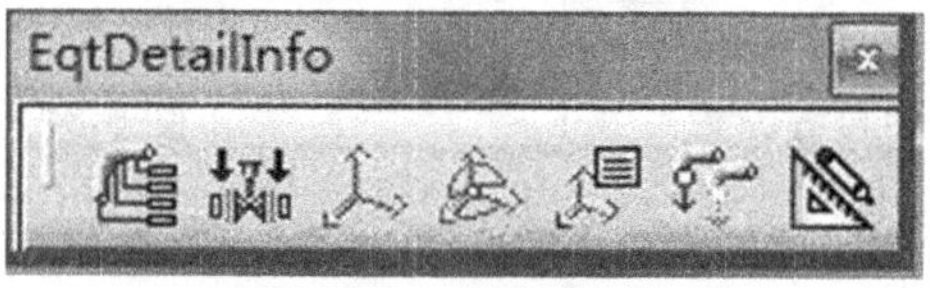

图 6-38 分析项工具条

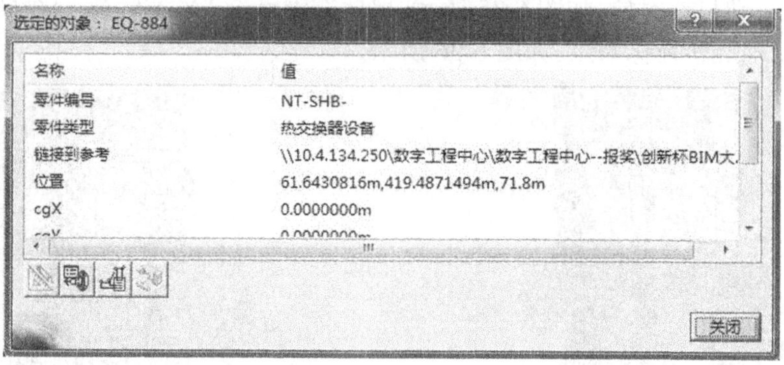

图 6-39 信息对话框

6.3.2 更改当前轴

一般情况下,在世界坐标系中,建筑物轴线或者方位并不是 X 或 Y 方向,往往是任意方向,而设备布置时,设备布置的方向默认情况下是 X 或 Y 方向。初步布置设备后,不但需要调整设备位置,还要精确旋转设备方向,工作量大大增加,降低了设备布置效率。更改当前轴的目的就是使设备布置时与建筑物的轴线相适应,默认设备布置方向与建筑物方向一致,提高了设备布置效率和准确度。

布置设备时,模型中可以有世界坐标系或者各个水工建筑物的局部坐标系,需选择最合适的坐标系。首先点击更改当前轴按钮,然后选择相应的 Part 或 Product 文件,即选择当前文档的坐标系为当前坐标系。

若需查询最近5个坐标系名称,点击按钮,可弹出历史最近5个坐标系,如图6-40所示,点击坐标系名称,可激活相应的局部坐标系为当前坐标系。

6.3.3 在零件上显示/隐藏连接器

在布置管道或者设备时,某些情况下选择连接器是比较困难的,如孔部位连接器。点击“在零件上显示/隐藏连接器”命令按钮,可以让隐藏的连接器显性化显示,连接器可以显示为如图6-41中所示的箭头,图中显示有4个连接点。

图 6-40 局部坐标系

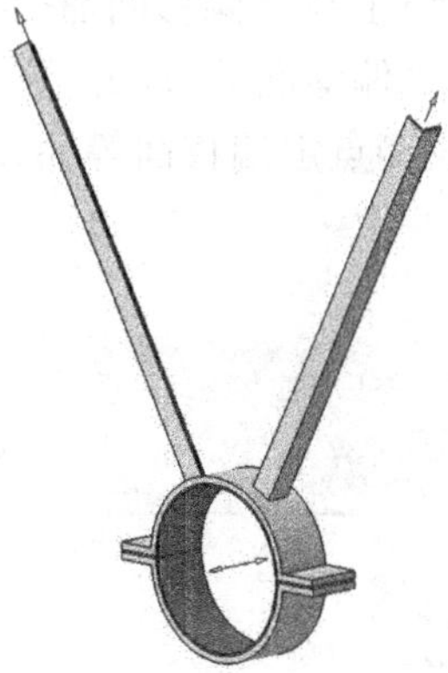

图 6-41 零件体上的连接器显示

在零件上显示/隐藏连接器的应用步骤如下:

(1)点击“在零件上显示/隐藏连接器”命令按钮。

(2)用鼠标左键选择想要显示连接器的 Part 零件,则连接器显示为蓝色箭头。

(3)如要隐藏连接器,重新点击“在零件上显示/隐藏连接器”命令按钮,选择想要隐藏连接器的 Part 零件。

6.3.4 建立偏移面

偏移面为一虚拟面,为设备平移和旋转提供参考位置和方向,生成的偏移面为临时偏移面,使用完毕即消失。偏移面有两个命令,即偏移面命令和高级偏移面命令,高级偏移平面允许用户定义原点、方向或其他参数。

6.3.4.1 **偏移面命令**

利用建筑物结构面作为参考元素布置设备较为方便时,可使用偏移面命令生成偏移面,如图6-42所示。

(1)点击偏移面命令按钮。

(2)移动鼠标至建筑物结构面,出现白色的矩形面和法向线。

(3)单击鼠标左键生成蓝色的偏移面。

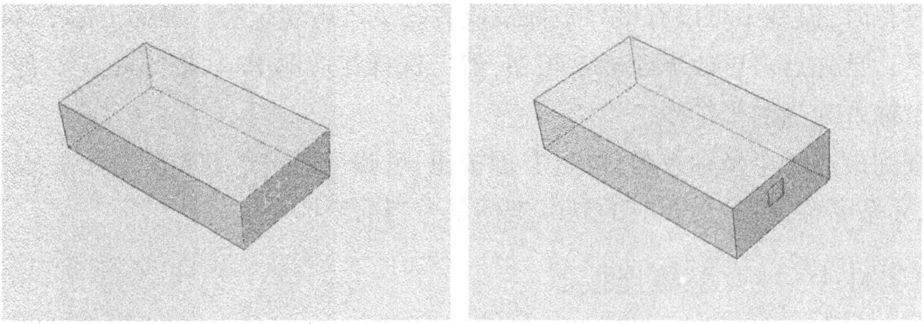

图 6-42　利用结构体表面生成偏移面

6.3.4.2　高级偏移面命令

布置设备时,若需要定义距结构面一定距离或一定角度,则需要使用高级偏移面命令。在图 6-43中单击高级偏移面命令按钮,弹出“高级偏移平面”对话框,如图 6-44 所示,提供了更多生成偏移面的方法。主要方法有使用指南针定义偏移面、三点定偏移面、两直线定偏移面、直线和点定偏移面等命令。

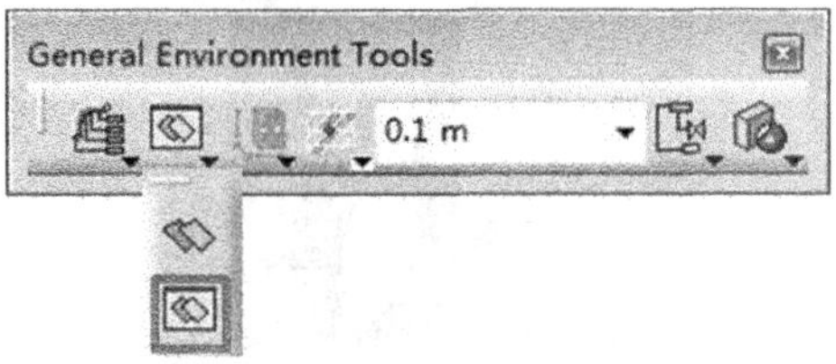

图 6-43　选择偏移面命令

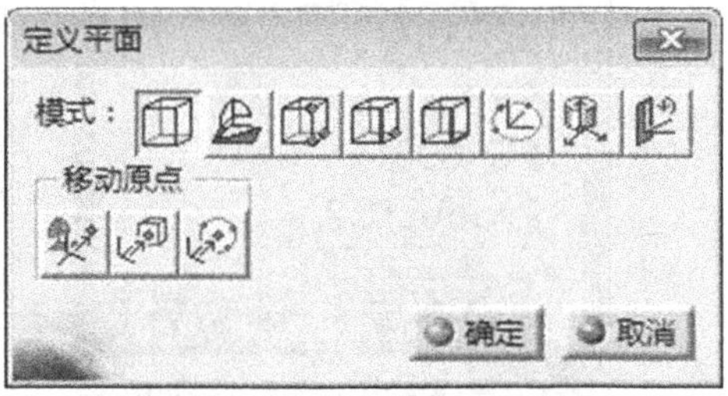

图 6-44　偏移面命令

定义平面命令,通过点击目标平面定义偏移面。

通过指南针定义偏移面。

通过定义三个点定义偏移面。

通过直线和点定义偏移面。

通过定义三个点定义偏移面。

在产品原点处定义偏移面。

通过定义点或线定义偏移面方向,定义偏移面后,单击此按钮,若选择一个点,则偏移面平移至此点,若选择一条线,则偏移面的 X 方向与此线平行。

在平面或者通过指南针定义原点,定义偏移面后,通过在平面上用鼠标单击或者指南针定义移动偏移面原点。

在点或者面中心定义偏移面原点。

在圆心定义偏移面原点。

这里重点介绍使用指南针定义偏移面的步骤:

(1)将光标移动到指南针根部,光标变为双向十字箭头。

(2)单击鼠标左键将指南针拖曳到结构面上,此时指南针为绿色,如图 6-45 所示。

(3)单击视口空白处,取消指南针选择,指南针为白色,如图 6-46 所示。

(4)光标移至指南针 Z 轴处,拖曳指南针移动设定距离,如图 6-47 所示。

(5)单击“高级偏移平面”对话框中的“确定”按钮,生成偏移面,如图 6-48 所示。

(6)重置指南针,如图 6-49 所示。

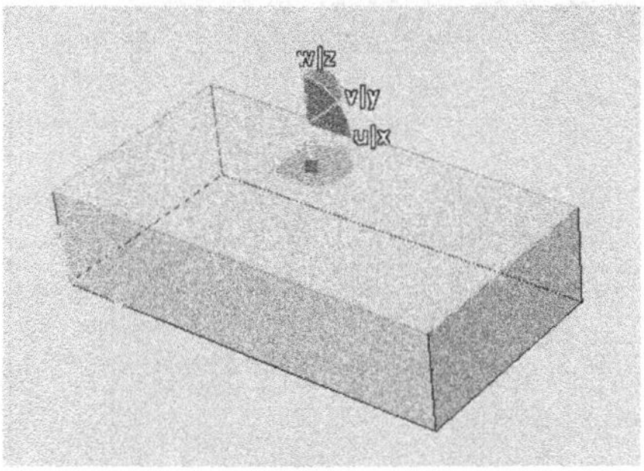

图 6-45　拖曳指南针至结构面

图 6-46　取消指南针选择

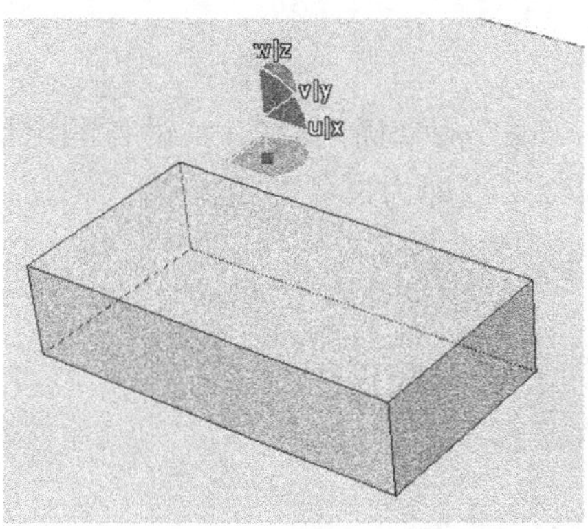

图 6-47　移动指南针

图 6-48　生成偏移面

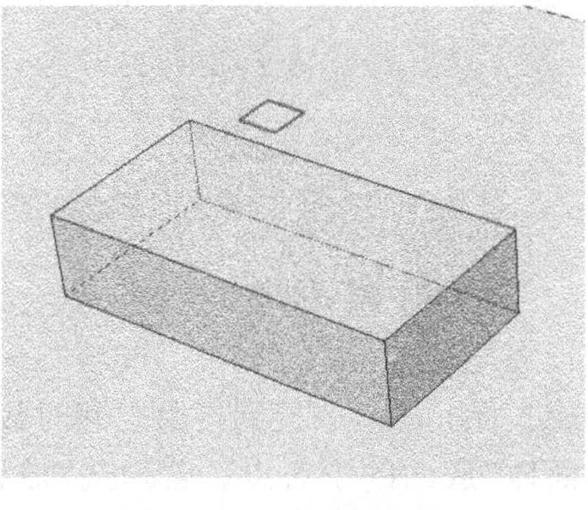

图 6-49　重置指南针

6.3.5　更改网格步幅值

通过更改网格步幅值,可以更好地铺设管道和布置设备。在对话框中输入数字 0.1 m,即

,则在此环境下,布置设备时,XYZ 的步幅只能是 0.1 m 的倍数,如 0.1 m、0. 2 m、0.3 m 等。

选择“工具”→“选项”→“设备与系统”→“常规”选项卡，可进行“网格步幅”设置，如图 6-50所示，如输入 0.1 m，则在布置管道与放置设备时，鼠标移动的步长为 0.1 m。需注意的是，本次设置只是默认步长值，在实际操作中，可在 General Environment toolbar 中随时修改网格步长值。

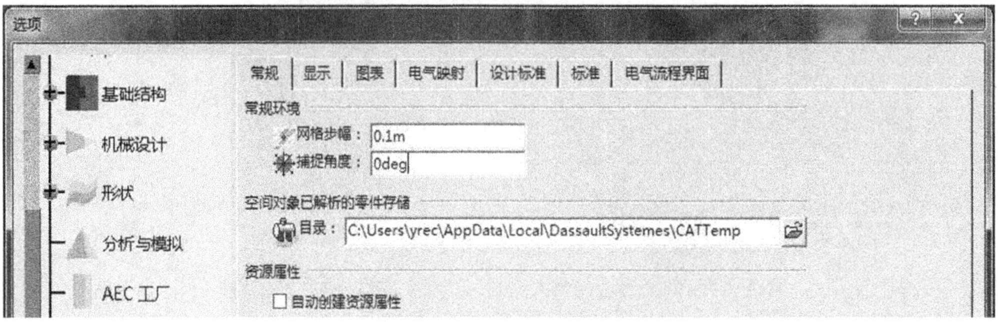

图 6-50　更改网格步幅值

6.3.6　设备定位点定义

软件默认状态下，当通过“Place Object From Catalog” 命令插入设备时，设备的定位点为设备外包六面体底面中心点，如图 6-51 所示十字线交叉点即为设备的定位点。

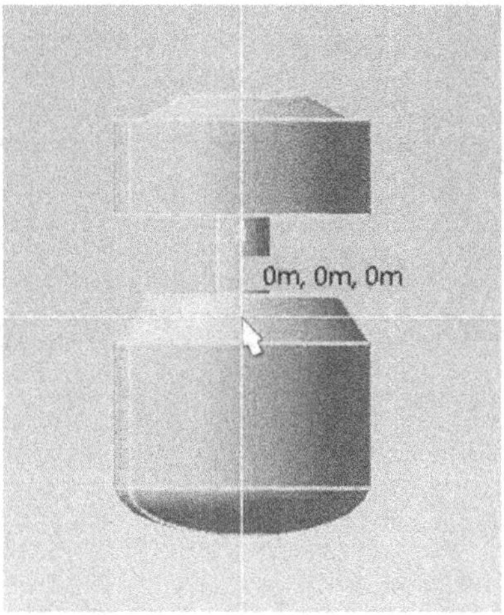

图 6-51　默认状态下布置设备

可以通过如下方法设置设备定位点：“工具”→“选项”→“AEC 工厂”→“常规”选项卡→“目录放置选项”，如图 6-52 所示，若“放置到自由空间时放置在部件的原点处”没有勾选，则设备定位点为“外包六面体”底面的中心点。若勾选“放置到自由空间时放置在部件的原点处”，则设备定位点为设备零件体的原点(0,0,0)，如图 6-53 所示。布置同一设备，通过图 6-51 与图 6-53 对比可以看出，选项不同造成布置效果的差异。

6.3.7　碰撞检查

在文档中，移动设备时(Part 文件)，在图 6-54 中选中按钮后，当光标移动某设备时(见图 6-55)，若与其他设备相碰撞，碰撞的设备之间会重合，但重合部位会有线框进行提示，如图 6-56 所示。选中按钮后，当光标移动某设备时，若与其他设备相碰撞，设备移动将被强行停止，设备之间不会重合，如图 6-57 所示。当选中按钮后，碰撞检查模式关闭，设备碰撞时无提示，如图 6-58 所示。

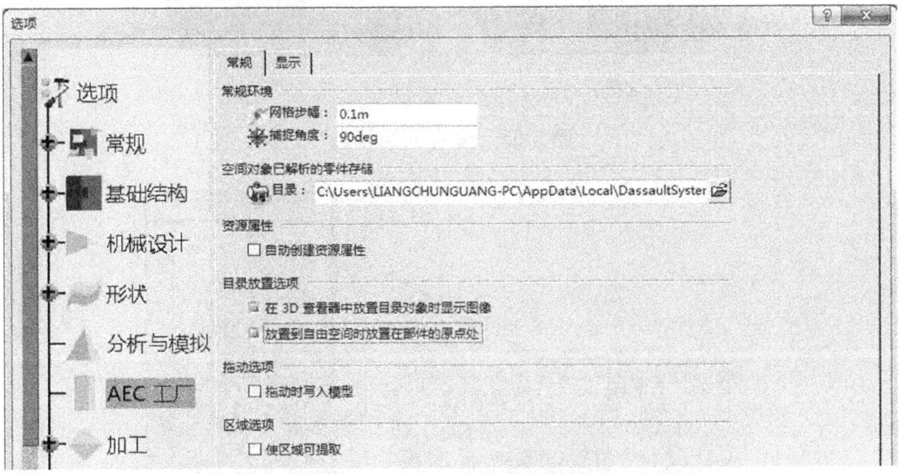

图 6-52　设备布置基准点选项设置

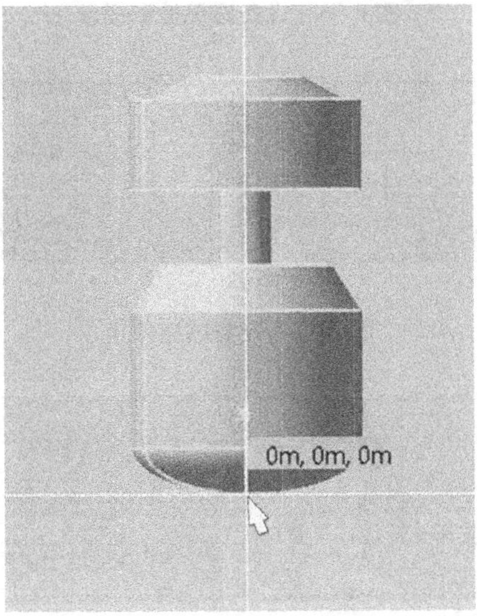

图 6-53　以零件原点为基准布置设备

图 6-54　碰撞检查模式选择

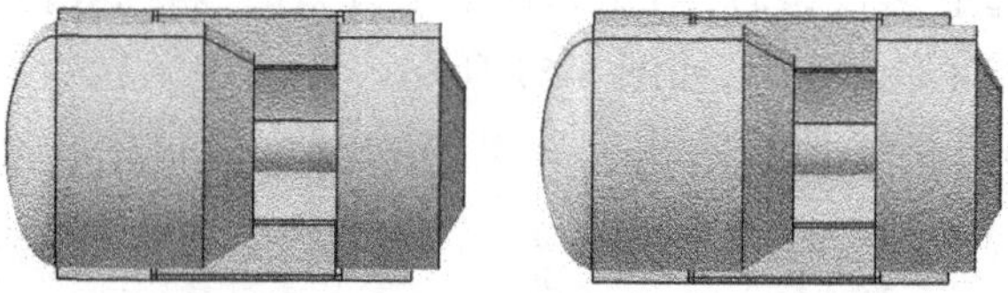

图 6-55　设备初始状态

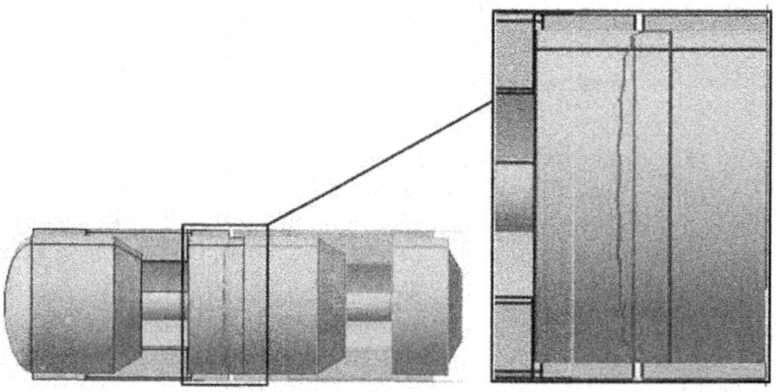

图 6-56　设备碰撞检测提示

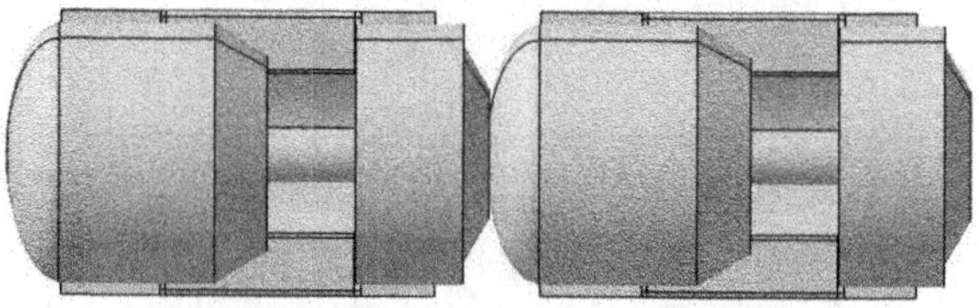

图 6-57　设备碰撞停止

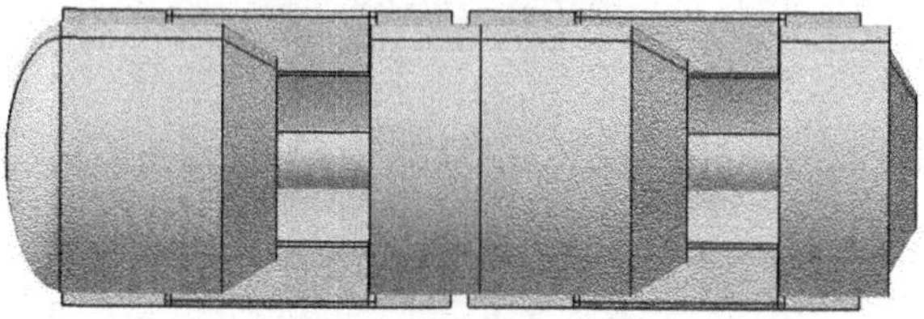

图 6-58　设备碰撞未提示

第 7 章　管道(Piping)布置

7.1　模块介绍

Piping Design 模块为用户提供了一套工具用来创建、调整优化管道和管道上的设备。

本模块主要功能:生成管道、修改管道、管道属性查询、管道上的设备布置与修改等。

提示:本模块布置完毕的设备,没有与土建体型的位置产生关系,不会随着土建体型移动而移动。这与 Product 模块通过约束定位的方法有本质区别。

管道设计主要模块如图 7-1 所示。

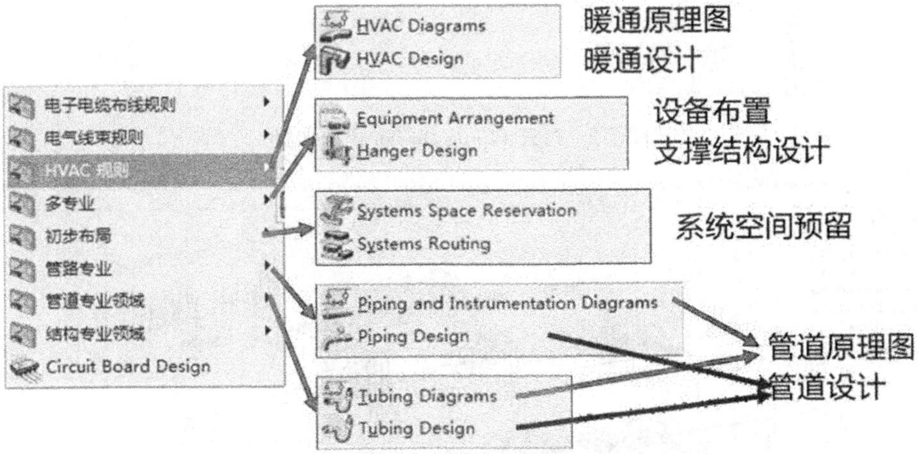

图 7-1　管道设计主要模块

7.2　界　面

在工具栏上单击“开始”按钮,选择“设备与系统”→“管路专业”→“Piping Design”,进入 Piping Design 模块,见图 7-2。模块界面与其他专业模块界面风格类似,可在装配模块之间相互切换。

图 7-3 为某工程在 Piping Design 模块下的界面视图,除右侧区域为该模块专有工具外,其余区域均与前面各章节所述模块布局及内容相同。

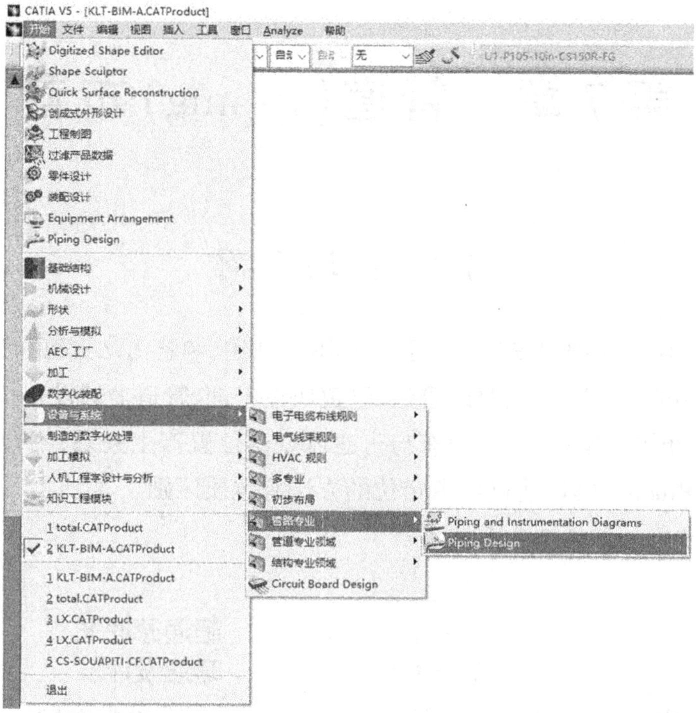

图 7-2　打开 Piping Design 模块路径

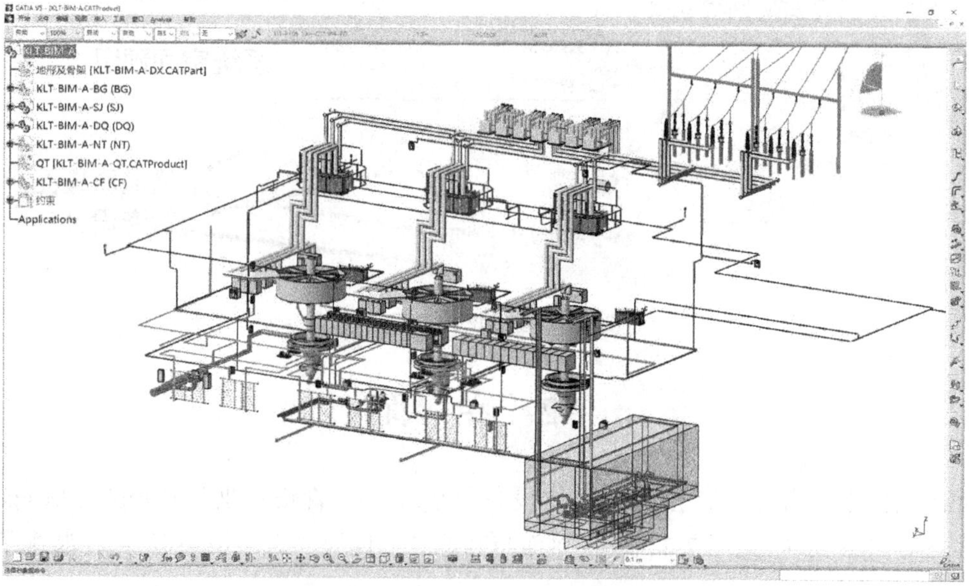

图 7-3　Piping Design 主界面

7.3　环境工具设置

(1)在工具栏上先后单击"工具"→"选项"→"参数和测量"→"单位",按照图 7-4 设置单位长度为米(m)。

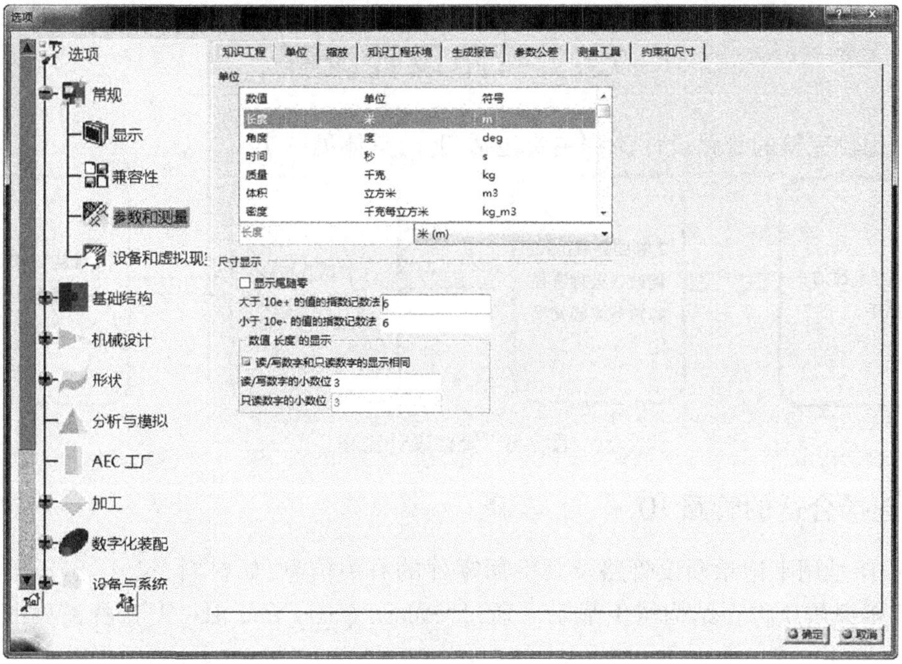

图 7-4　长度单位设置

(2)在工具栏上先后单击"工具"→"选项"→"设备与系统"→"常规",按照图 7-5 设置常规环境下的网格步幅为 0.1 m。

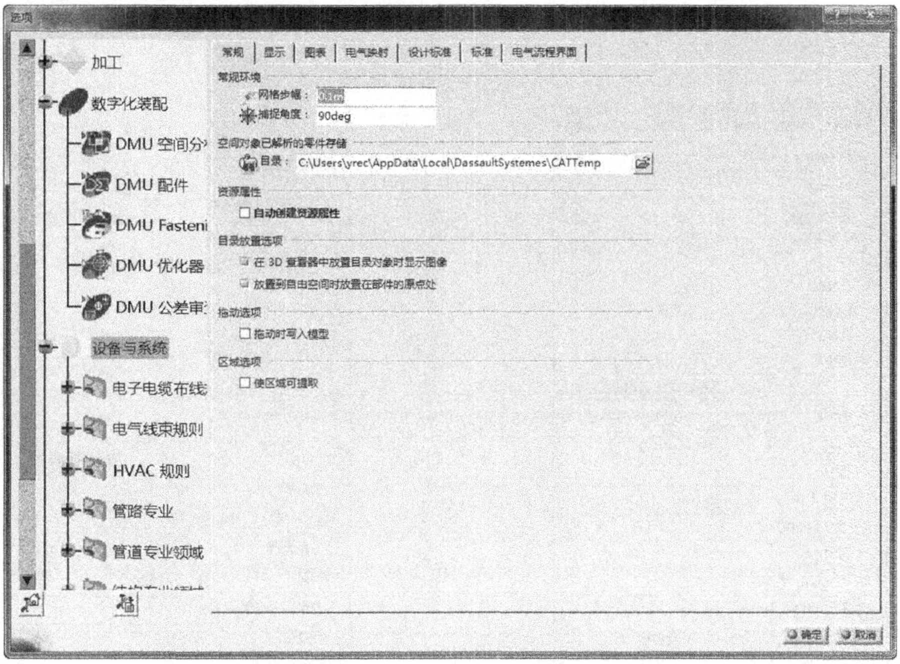

图 7-5　网格步幅定义

7.4 管路设计流程

一个比较完整的管路设计流程主要包括四步,具体见图 7-6。

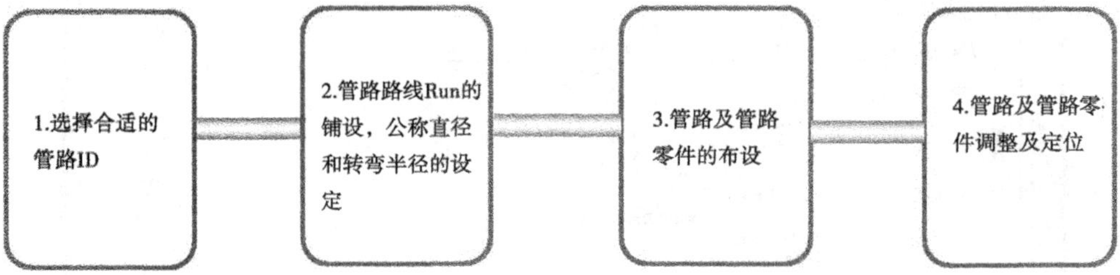

图 7-6 管路设计流程

7.4.1 选择合适的管路 ID

Line ID 是用来记录预设管路及其上面零件的有关信息,如材料、尺寸、耐压等参数,所有管路及相关信息将在结构树上显示。通过"Select/Query Line ID"选择需要的管径,见图 7-7。

删除 Line ID:点击删除 Line ID 命令,弹出如图 7-8 所示对话框,选择想要删除的 Line ID 并单击"确定",弹出如图 7-9 所示对话框提示,提示不仅删除 Line ID,还将 Line ID 下的管道一并删除。点击"确定",将结构树中的 Line ID 及所属管道删除。

注意:先删除管道,才能再删除 ID 号;任何管路不要采用复制粘贴进行,需要用专用命令操作。

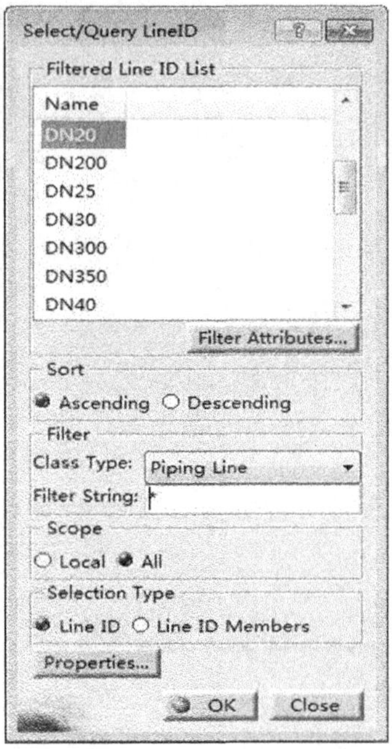

图 7-7 Line ID 选择

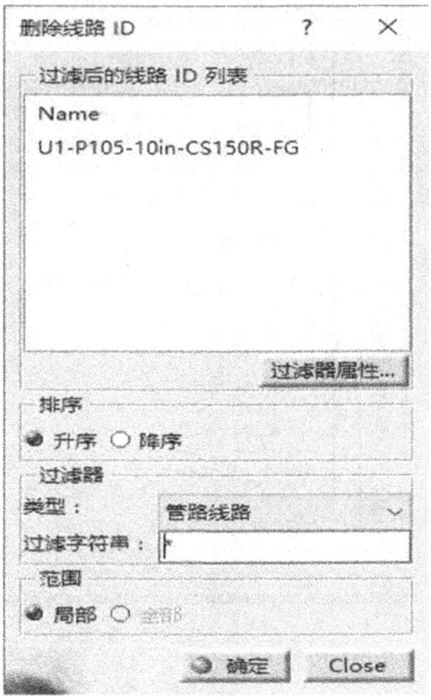

图 7-8 删除 Line ID

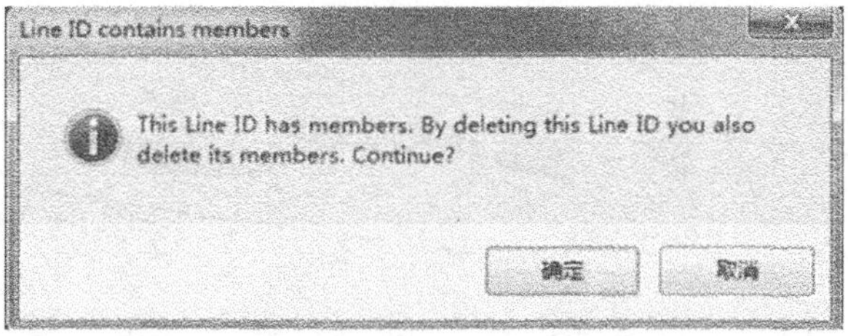

图 7-9　警告对话框

7.4.2　管路路线(Run)的铺设

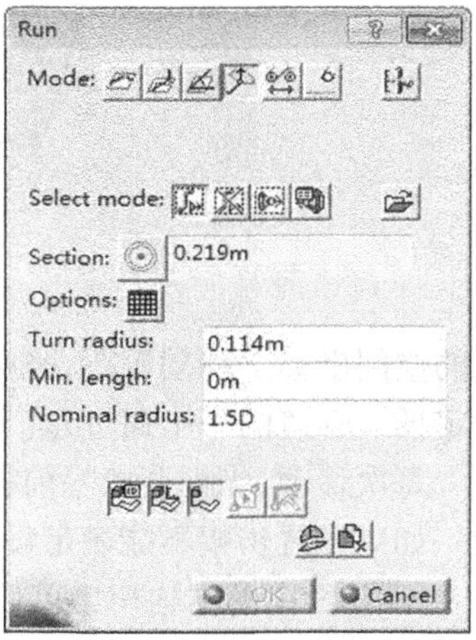

图 7-10　创建 Run 对话框

(1)通过“Route a Run”生成 Run,见图 7-10。

图 7-10 中:Mode——用来确定 Run 的轨迹生成模式;

Select mode——Run 的选择模式;

Section——管路的公称直径及对齐方式;

Options——与设计表关联;

Turn radius——最小转角半径;

Min. length——最小长度;

Nominal radius——标准公称直径。

注意:各个管道的尺寸属性应从 Line ID 继承,如果没有特殊需要,不建议修改默认尺寸属性。

(2)管道 Run 的轨迹生成方式主要包括点到点、正交、斜度、定向、边线及偏移等,相应图标见图 7-11 中 Mode(从左至右)。每一种生成方式都在特定条件下最适合,设计中常用的是采用定向方式生成管道 Run。

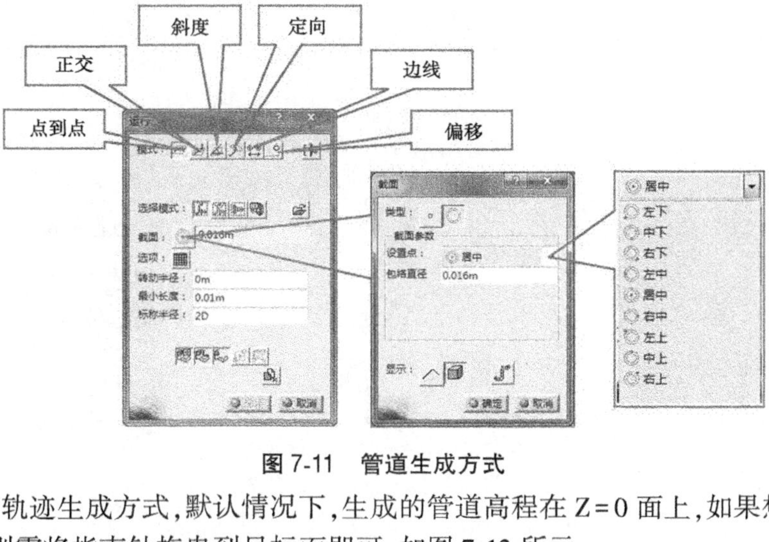

图 7-11　管道生成方式

不管哪种轨迹生成方式,默认情况下,生成的管道高程在 Z=0 面上,如果想在其他高程面生成管道,则需将指南针拖曳到目标面即可,如图 7-12 所示。

下面针对几个主要常用的生成方式进行讲解:

(1)管道 Run 的轨迹生成方式 1:点到点模式生成管道 Run。

点击“命令”后,光标会变成平面十字光标,十字交叉点会自带一组数据,该数据为交叉

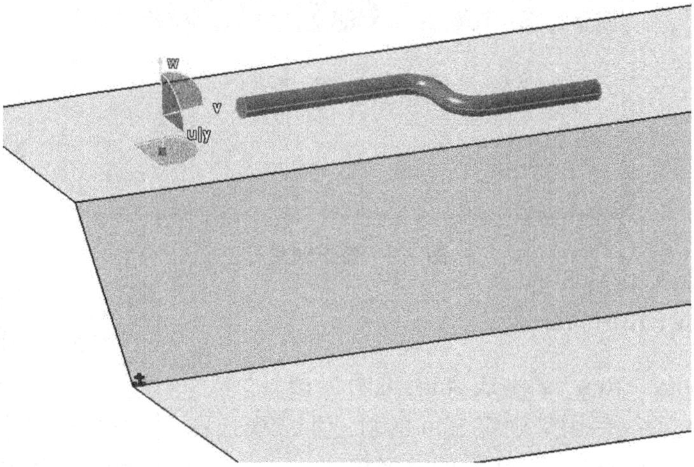

图 7-12　指定平面上建立管道 Run

点的空间坐标。移动鼠标，光标会自动捕捉空间网格点或者已建空间点。点击鼠标左键，会确定插入管道的一个通过点（起点、中间点或者终点），如图 7-13 所示。

每次移动，光标会以提前设置好的网格步幅进行调整，根据坐标值依次选点确定管道位置。如果设置步幅不能满足设计要求，可随时进行调整。生成过程见图 7-14、图 7-15。

图 7-15 中的结构树中可以看到该管道的 Line ID。通过屏幕左上角的颜色及透明度命令，可以根据需要更改管道的颜色和不透明度，见图 7-16。

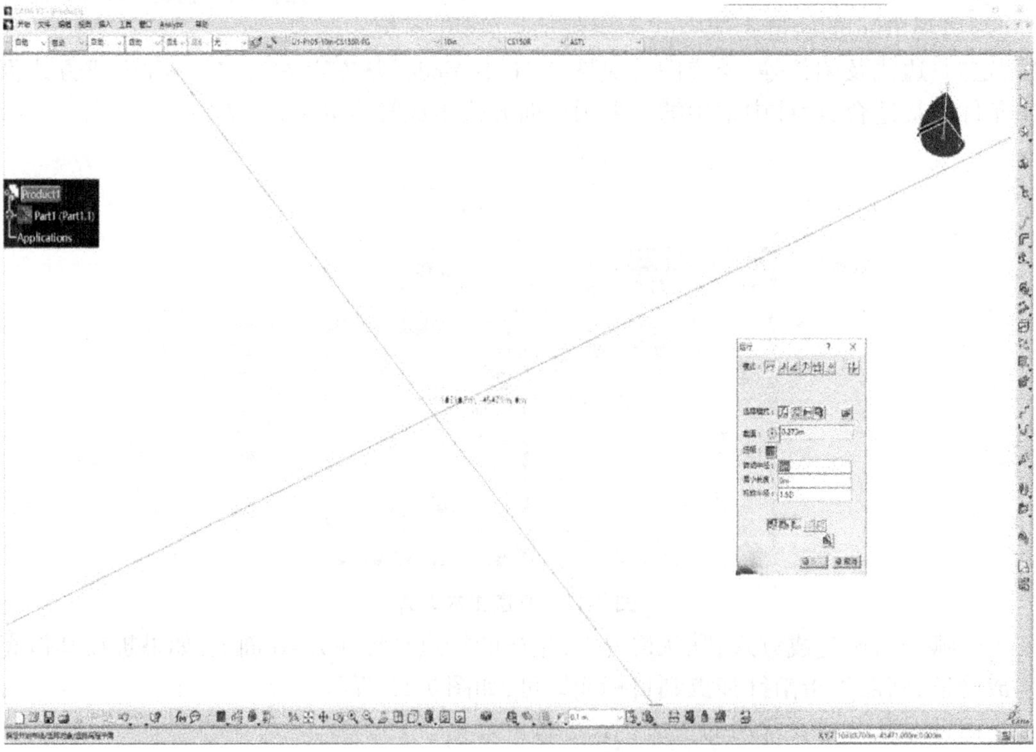

图 7-13　根据网格步幅的设置值调整

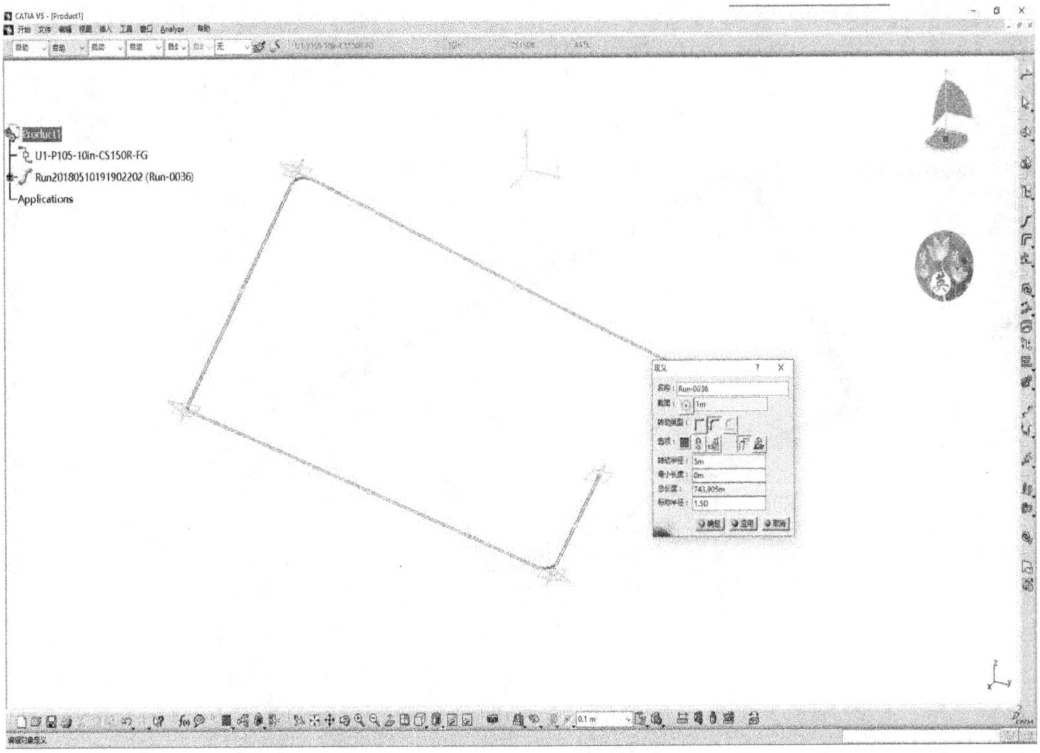

图 7-14　管道 Run 生成过程

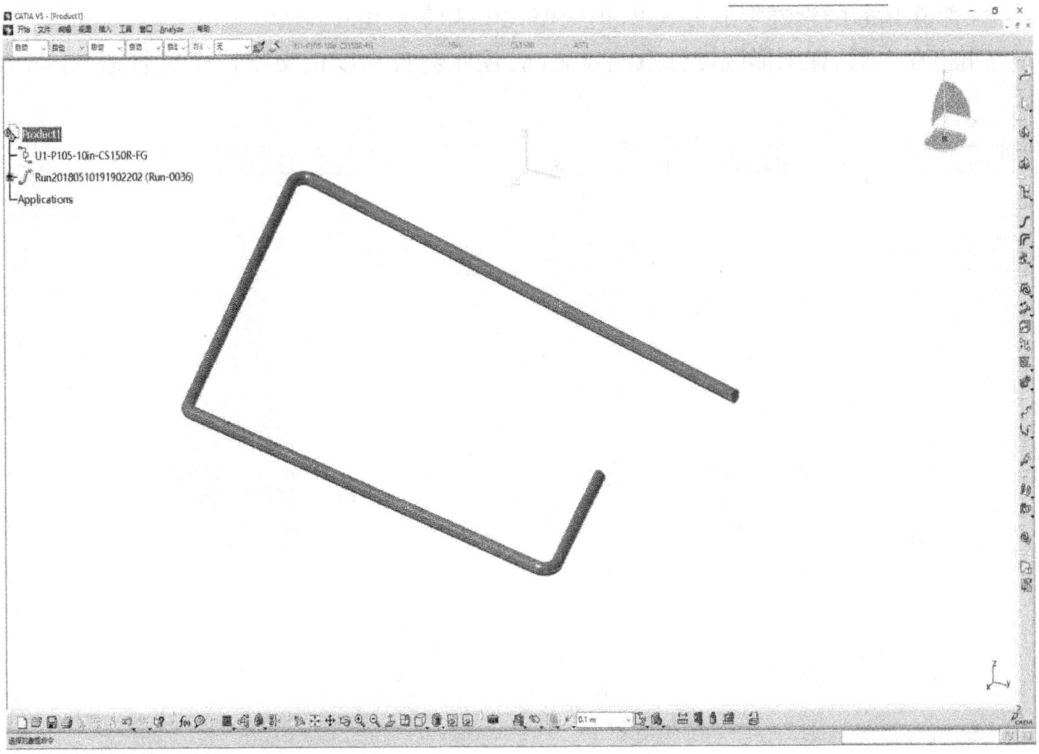

图 7-15　管道 Run 生成结果

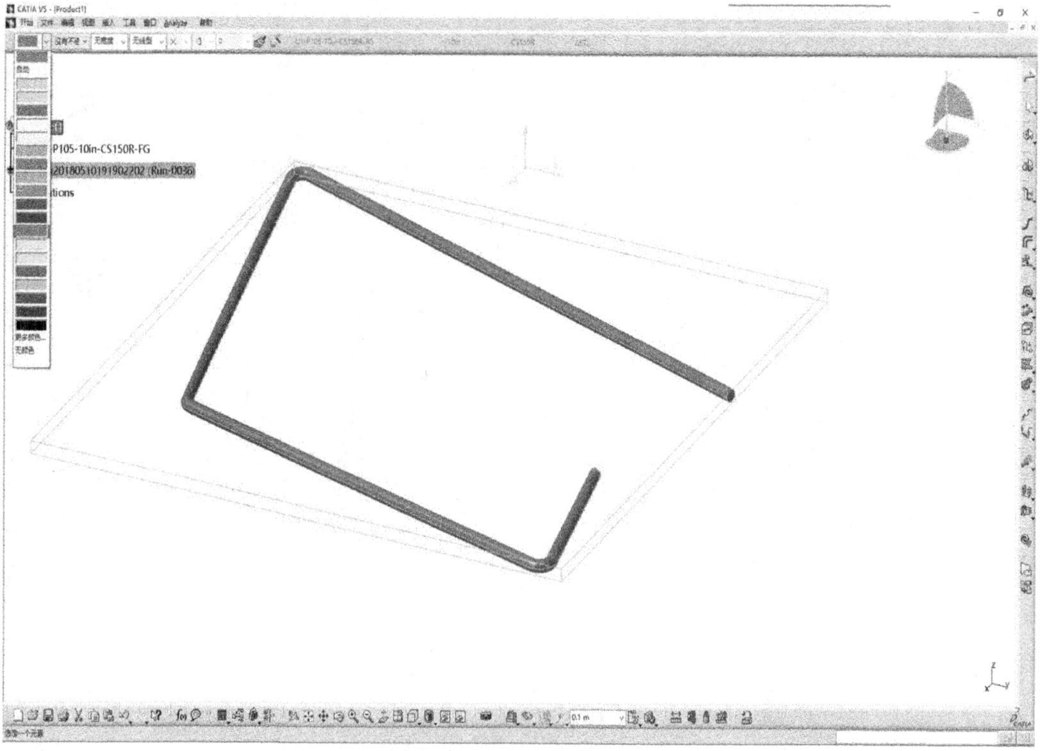

图 7-16　修改颜色的管道 Run

(2)管道 Run 的轨迹生成方式 2:正交模式生成管道 Run。

点击该命令后,在图形区域任意两点之间,程序会自动以正交路径生成管道,如图 7-17 所示。

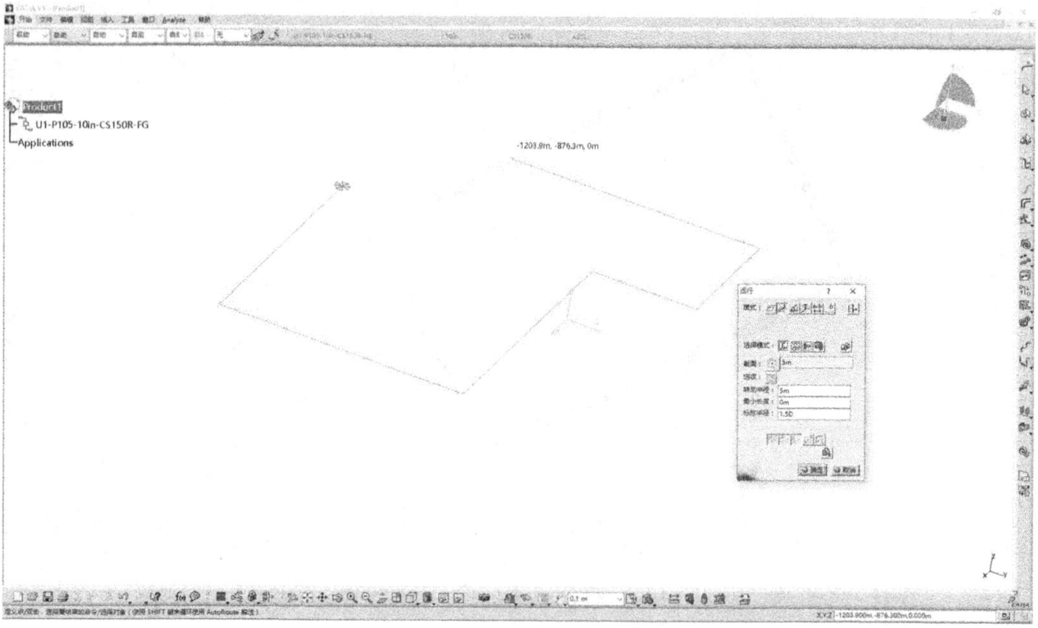

图 7-17　正交模式生成管道 Run

(3)管道 Run 的轨迹生成方式 3:斜度模式生成管道 Run。

点击该命令后,在模式底部会浮现一个"斜度"框,如果输入角度 α,见图 7-18,在图形区域先后点击两个点,则会生成一个带斜度的管道 Run(见图 7-19),该 Run 与第一点所在的水平面夹角整好是 α。

(4)管道 Run 的轨迹生成方式 4:定向模式生成管道。

点击该命令后,在图形区域点击一个点后,会自动在该点处出现指南针,移动鼠标会默认在 Z 轴方向建立管道 Run,如果需要调整管道 Run 的方向,只需要点击 Shift 键即可进行切换,直至是设计需要的方向(见图 7-20)。注意,这里方向的切换是以 X、Y、Z 三个轴线方向进行反复切换。如果用户想在其他方向建立管道 Run,只需要用鼠标点击指南针上的弧线并轻轻拖动即可实现。

如果想让管道 Run 方向以固定的角度转动,则需要用右键点击指南针任意部位后弹出"编辑",见图 7-21;点击"编辑"按钮后,弹出对话框,根据需要在相应的位置输入参数,这里举例将旋转增量修改为 45 deg,见图 7-22。关闭对话框后,再次右键点击指南针上的弧线并轻轻拖动,会发现旋转会以45 deg为梯度进行旋转,其他角度做法与此类同。

图 7-18　选择斜度模式

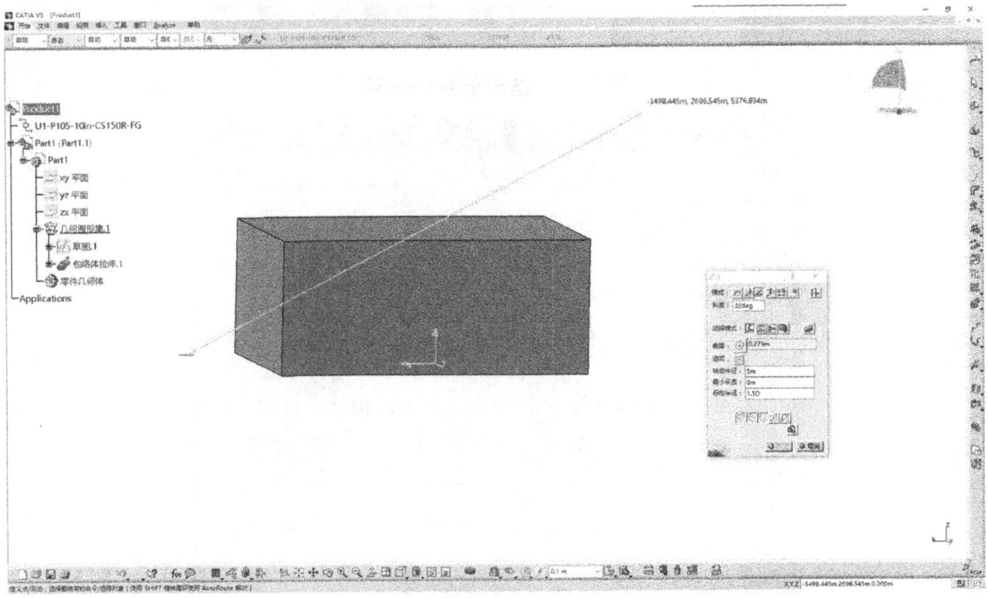

图 7-19　斜度模式生成管道 Run

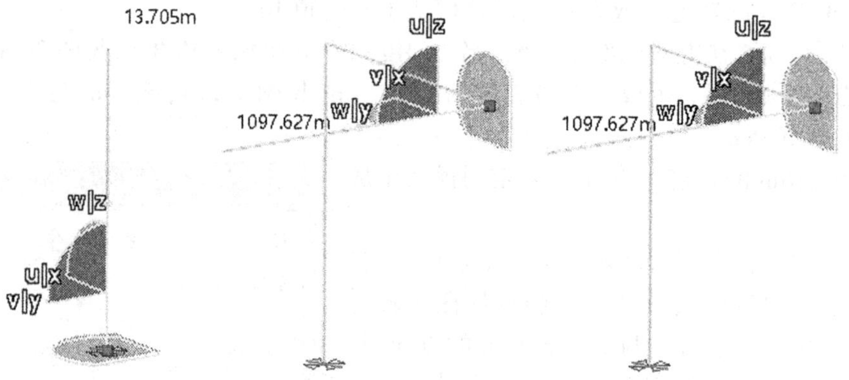

图 7-20 指南针方向切换

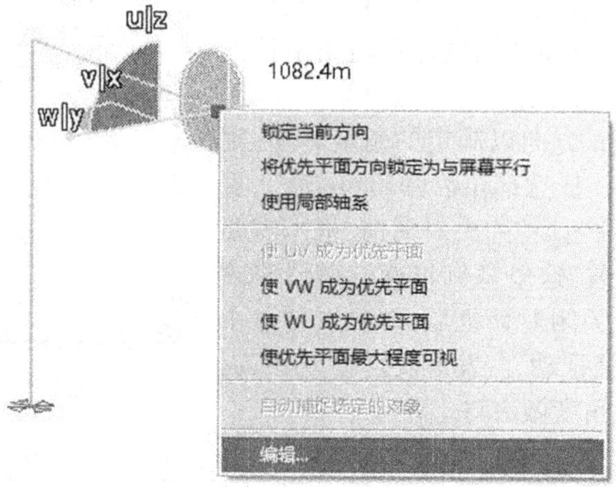

图 7-21 指南针编辑按钮

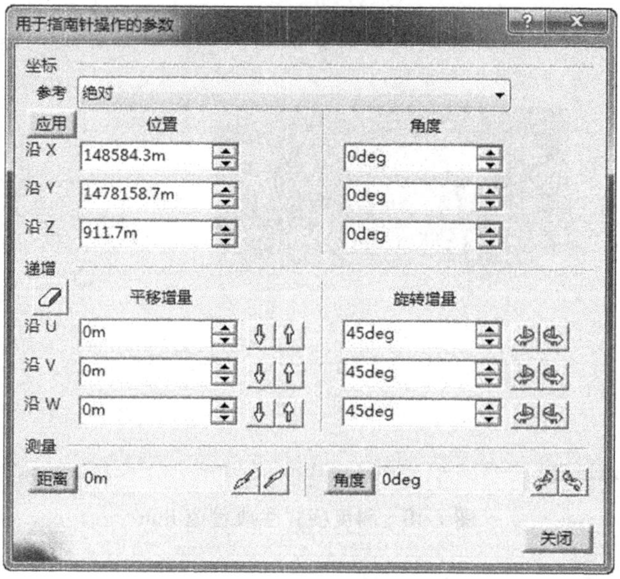

图 7-22 指南针编辑对话框

7.5　对管道 Run 进行修改

右键点击需要修改的管道 Run，选择“Run-xxxx 对象”→“定义”，如图 7-23 所示。点击“定义”后，会弹出如图 7-24 所示的 Run 定义对话框，同时沿管道 Run 会出现绿色的带箭头的线段。

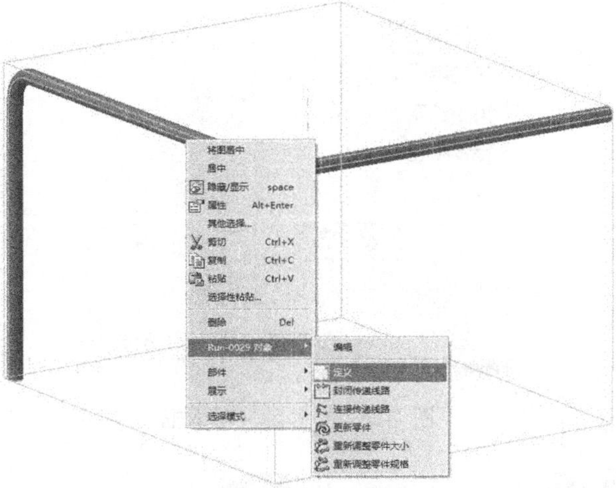

图 7-23　管道 Run 定义选择

(1)通过在图形区域拖曳绿色箭头或直线，会对 Run 进行不同方向的移动、拉伸，以及角度的变化。

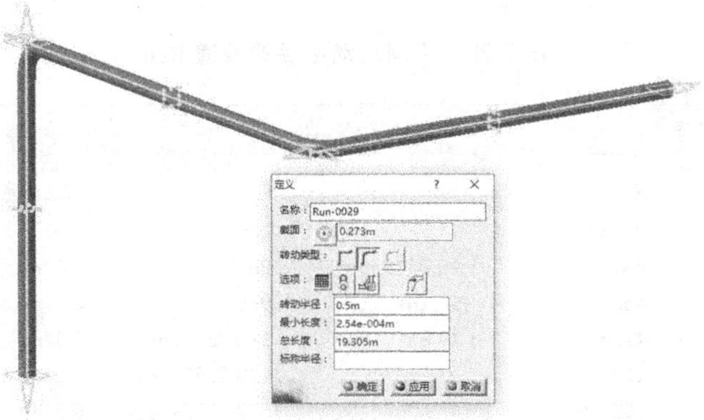

图 7-24　处于编辑状态的 Run 及其定义对话框

(2)如图 7-25 所示，在 Run 定义对话框中，可以对其截面直径、居中方式、转动半径、最小长度及标称半径进行任意调整；也可以对其是否以线条或虚拟轮廓(有一定直径)显示进行设定。图 7-26 为不同转动半径的管道 Run。

点击按钮，进入图 7-27 所示的对话框，可以对管道 Run 每一个节点的空间坐标、弯曲半径进行自定义设置。

通过上述的修改组合设置，即可达到用户需要的管道 Run 布置。

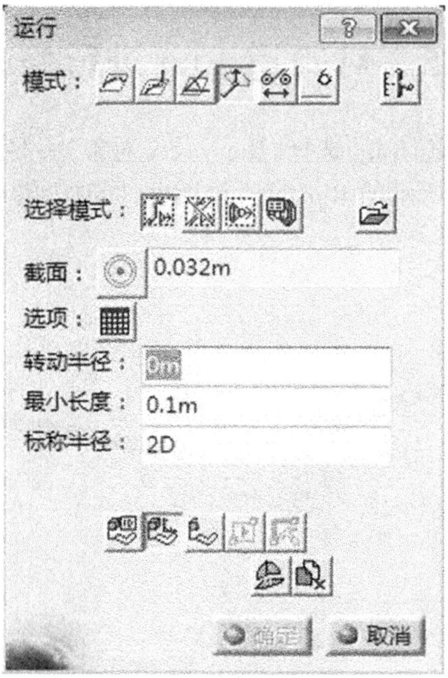

图 7-25　Run 定义对话框

图 7-26　不同转动半径的管道 Run

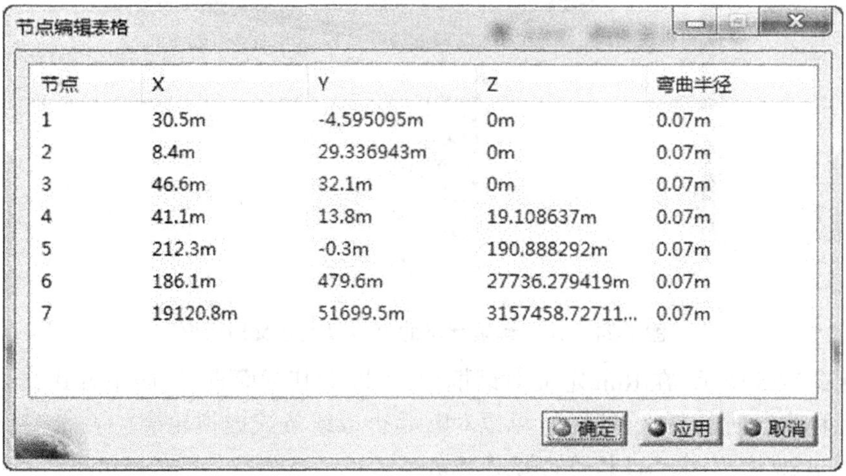

节点	X	Y	Z	弯曲半径
1	30.5m	-4.595095m	0m	0.07m
2	8.4m	29.336943m	0m	0.07m
3	46.6m	32.1m	0m	0.07m
4	41.1m	13.8m	19.108637m	0.07m
5	212.3m	-0.3m	190.888292m	0.07m
6	186.1m	479.6m	27736.279419m	0.07m
7	19120.8m	51699.5m	3157458.72711...	0.07m

图 7-27　“节点编辑表格”对话框

7.6 实例化管道 Run

管道 Run 不是真实的管道，它表示管路铺设路径，其部分属性代表相应导管属性，如路径信息（含折点坐标）和内、外径等。只有将管道 Run 实例化后，才算建立真实的管道。实例化管道 Run 按照以下几步可以完成：

第 1 步：点击按钮，弹出如图 7-28 所示的对话框。

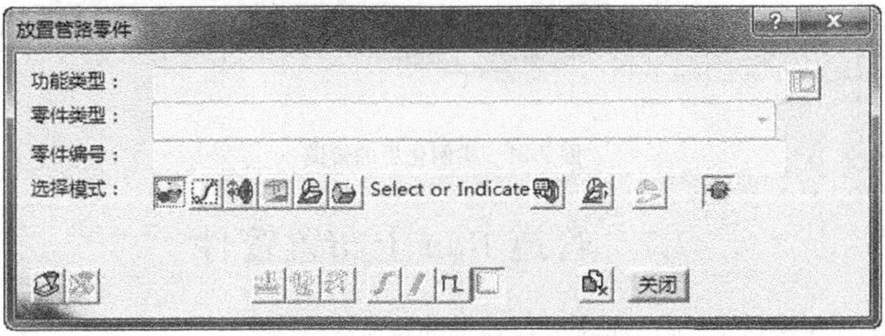

图 7-28 “放置管路零件”对话框

第 2 步：点击需要插入管件的 Run 后，再点击图 7-28 上“功能类型”后的图标，弹出“类浏览器”对话框，见图 7-29；在类浏览器内选择“管路功能”作为功能类型。

第 3 步：点击“零件类型”为“管路”，在弹出的“选择零件（规格）”中点击选择一个规格，如图 7-30 所示，则管道 Run 自动被插入管道实体管件。实例化管道 Run 之后的管道见图 7-31。

图 7-29 “类浏览器”对话框

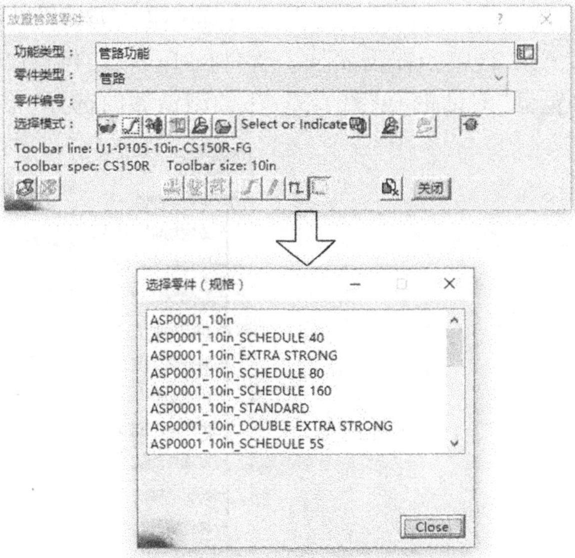

图 7-30 零件规格

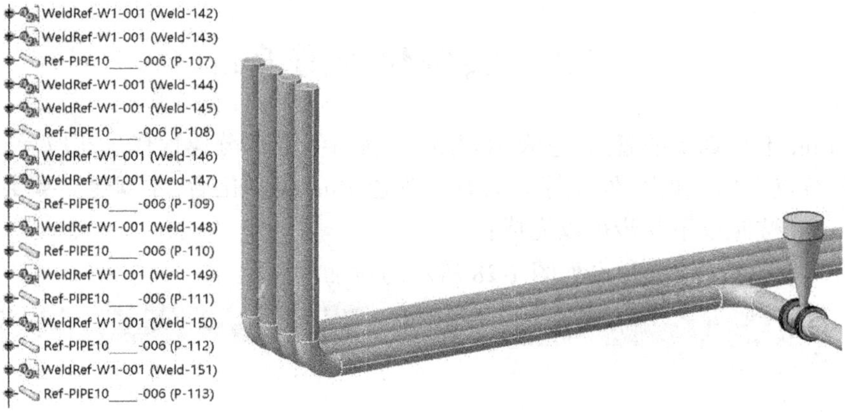

图 7-31　实例化后的管道

7.7　管道 Run 上布置管件

第 1 步：点击按钮，弹出如图 7-32 所示的对话框。

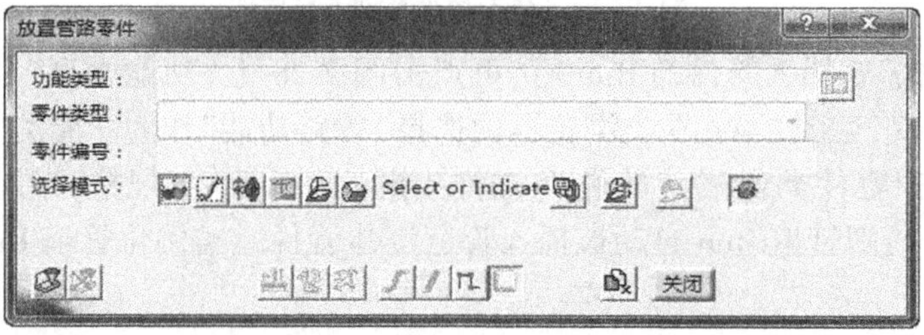

图 7-32　“放置管路零件”对话框

第 2 步：点击需要插入管件的 Run 后，再点图 7-32 中“功能类型”后的图标，弹出“类浏览器”对话框，见图 7-33；在类浏览器内选择“支管功能”作为功能类型。

图 7-33　“类浏览器”对话框

第 3 步：将“零件类型”选为“三通”（见图 7-34），则会在管道上增加管件三通（见图 7-35）。通过该方法也可以插入其他管道上的管件。

图 7-34　“放置管路零件”对话框

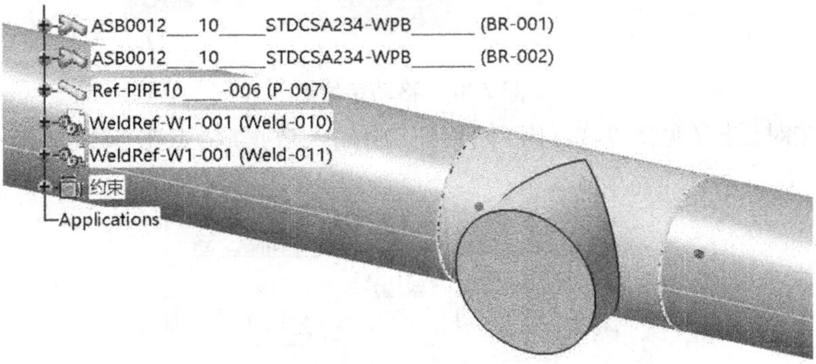

图 7-35　插入后的三通

7.8　调整管件

通过按钮可以对管件在 Run 轴线上的位置，绕 Run 轴线旋转角度进行调整。

7.8.1　移动管件

移动管件具体操作步骤如下：

第 1 步：先后点击按钮和需要调整的管件，弹出如图 7-36 所示的对话框。

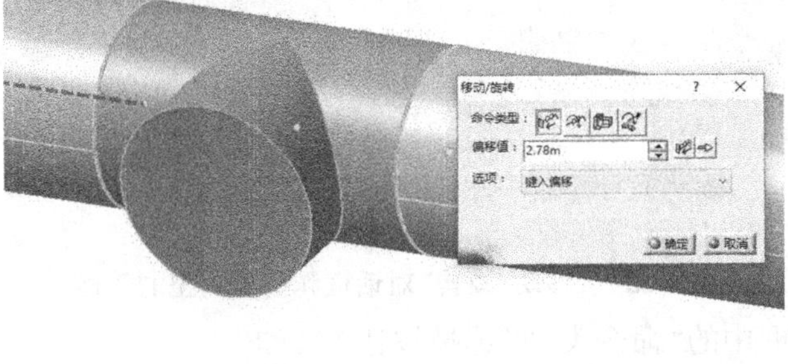

图 7-36　“移动/旋转”对话框及需要调整的管件

第 2 步：在对话框中的“命令类型”选择按钮。

第 3 步：通过以下两种方式对管件进行移动：

(1)将鼠标放在管件附近的任意一个绿点上，会自动显示垂直 Run 轴线的平面，通过左键拖曳，可自由移动管件位置，如图 7-37 所示。

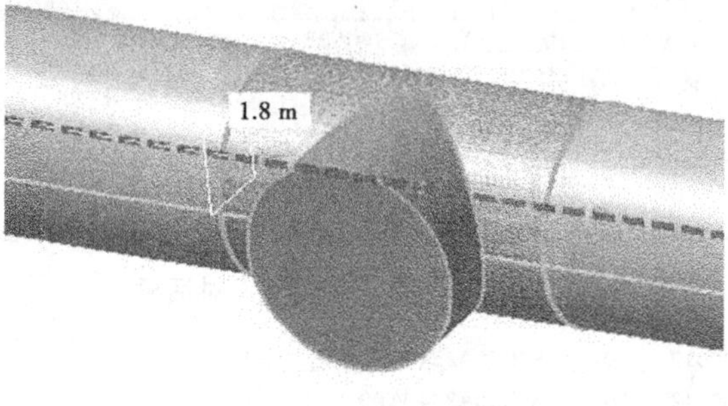

图 7-37　移动定位点

(2)直接在对话框(见图 7-38)内“偏移值”中输入数据后，点击“确定”即可实现对管件的准确移动。

图 7-38　“移动/旋转”对话框

7.8.2　旋转管件

旋转管件具体操作步骤如下：

第 1 步：先后点击按钮和需要调整的管件，弹出如图 7-39 所示的对话框。

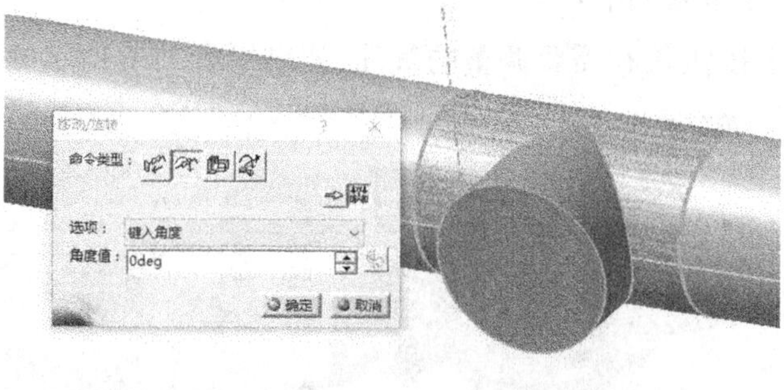

图 7-39　“移动/旋转”对话框和需要调整的管件

第 2 步：在对话框中的“命令类型”选择按钮。

第 3 步：在对话框中的“选项”选择“键入角度”。

第 4 步：在对话框中的“角度值”内，输入需要旋转的角度，点击“确定”后即可实现管件的旋转，见图 7-40；也可通过按钮实现角度正负值的切换。

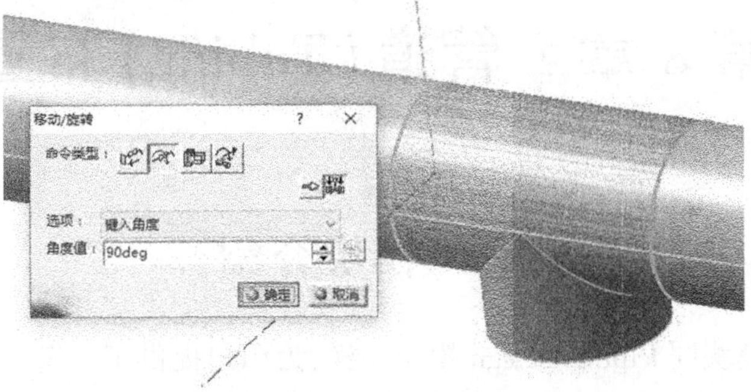

图 7-40　旋转后的管件

7.8.3　翻转管件

零件在放置时有两种可能性，不对称结构更为明显。不管是放置时，还是放置后，只需要在对话框中点击激活翻转按钮，即可对零件重新定向，如图 7-41 所示。同时要注意，有些零件不能翻转。

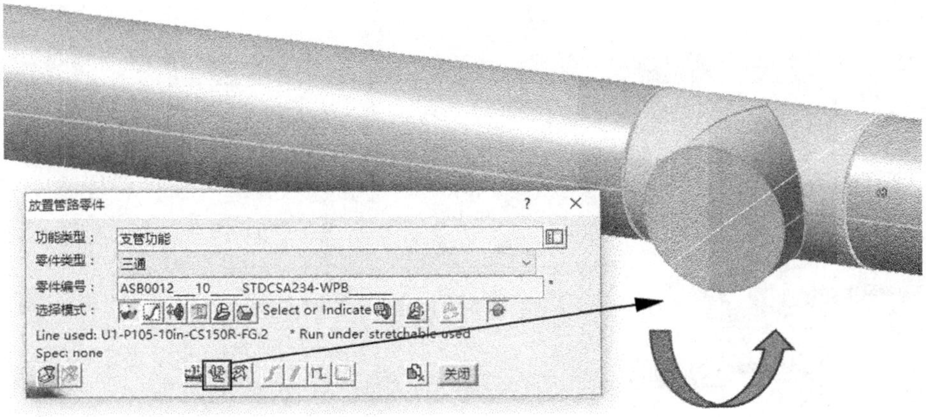

图 7-41　管件翻转过程

第 8 章　管道(Tubing)布置

8.1　模块介绍

Tubing Design 模块同 Piping Design 模块一样,为用户提供了一套工具创建、调整优化管道和管道上的设备。主要功能有生成管道、修改管道、管道属性查询、管道上的设备布置与修改等。与 Piping Design 不同的是,Tubing Design 模块可以创建软管线。

8.2　界　面

在工具栏上单击“开始”按钮,选择“设备与系统”→“管路专业”→“Tubing Design”,进入 Tubing Design 模块,见图 8-1。模块界面与其他专业模块界面风格类似,可在装配模块之间相互切换。

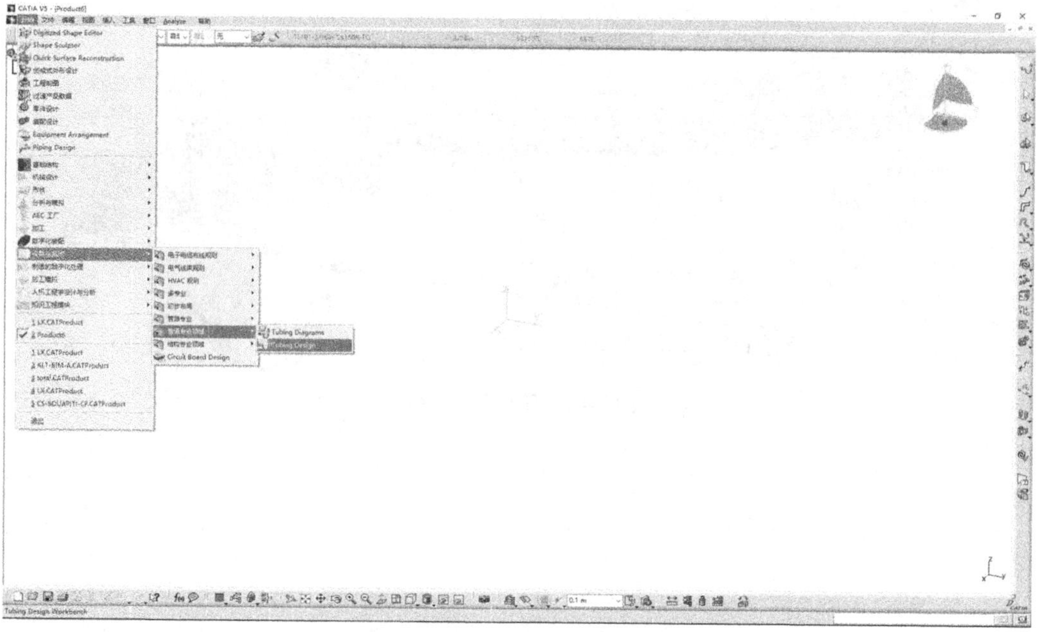

图 8-1　打开 Tubing Design 模块路径

8.3　软管线设计流程

软管线主要包括柔性管路和管路线束的布设,本节主要针对这两种管路讲解其设计过程及修改调整方式。

一个比较完整的管路设计流程主要包括四步，具体见图 8-2。

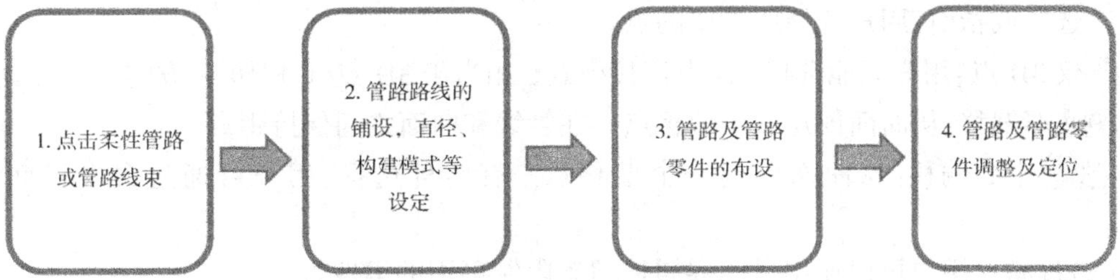

图 8-2　管路设计流程

8.4　软管线设计步骤

8.4.1　柔性管路布线

第 1 步：点击柔性管路创建按钮，弹出如图 8-3 所示“柔性传递”对话框，即创建柔性管路的相关设置内容。

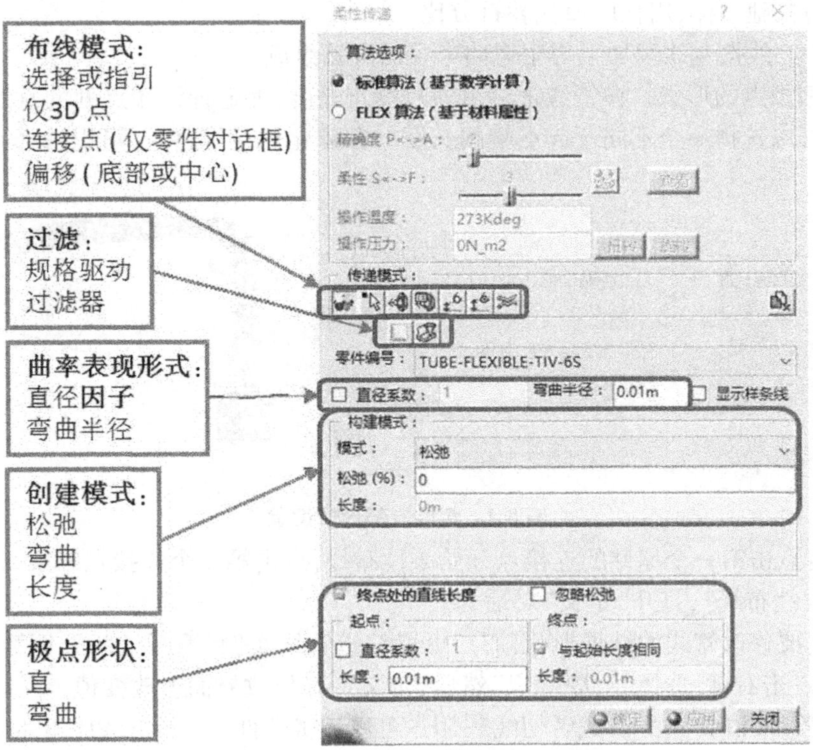

图 8-3　“柔性传递”对话框

第 2 步：在图 8-3 中依次设置布线模式、过滤、曲率表现形式、创建模式及极点形状等各类参数。下面对上述内容进行详细说明：

(1) 布线模式。

选择或指引：用户选择所需要的点。

仅 3D 点：用户只能选择 3D 点连接模式，相当于 3D 点 + 相切 + 方向。

底部偏移：从曲面创建一个偏移点。在管线和曲面之间保持距离。

中心偏移：从曲面创建一个偏移点。有两种选择，用户可通过参考平面精确定位。

(2) 过滤。用户可以使用过滤器属性来限制可用的柔性管。

(3) 创建柔性管路时遵守弯曲规则。CATIA 允许使用两种方式：

直径因子：弯曲半径＝柔性管×直径因子；

弯曲半径：用户直接给定最小弯曲半径。

通过激活显示样条□ 显示样条线，用户可以看到管路中心线（也可以通过对管路零件的隐藏/显示获得）。

(4) 在创建模式中，有以下三种模式：

松弛：柔性管中心线在所选点之间保持最直，同时遵守最小弯曲半径。在计算长度的基础上再加上松弛度。

长度：与松弛一样，用长度值代替百分比。

弯曲：中心线按直线段加上等于弯曲半径的圆弧组成。

(5) 管理极点的形状。在管线末端可通过设定长度，确定管线端点处的直线段长度（见图 8-4）；也可以选择一个不同于起点端的长度。在创建柔性管路时，可以选择直线末端，避免松弛。

图 8-4　管线端部形状设置

第 3 步：点击第一个零件的连接点开始柔性布线，点击第二个连接点结束。在结构树上右键点击"柔性布线"，打开"定义"对话框。

第 4 步：要修改管线的结果形状，用户可以编辑管线实例，重新访问柔性算法界面。在管线实例上点击右键，选择"对象标识"然后"定义"，在修改界面上改变值。

要修改管线几何（选择点或者切线），用户可以编辑零件，定义"CATPspFlexCurve"。

8.4.2　管路线束布线

管路线束是指模拟一组捆绑在一起的管线，线束内部的柔性管线保持各自的独立性，如图 8-5 所示。

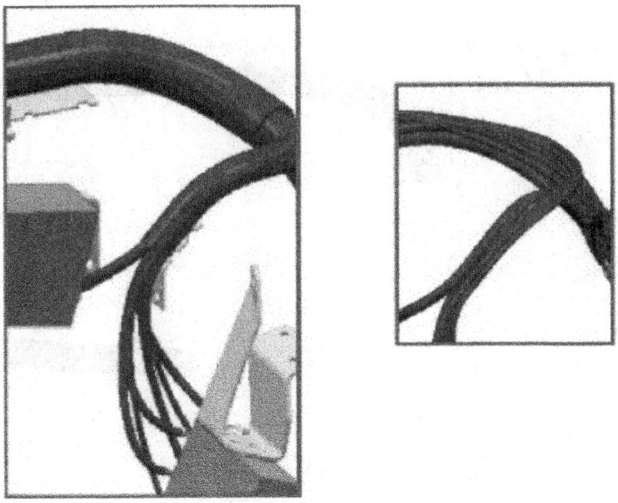

图 8-5　管路线束

8.4.2.1　**管路线束的创建**

第 1 步：将指南针放置在对象上使其工作平面为 XY 平面。

第 2 步：点击管路线束命令创建线束；

第 3 步：在“柔性线束”对话框中点击线束起点，点击两点或者更多点创建简单线束。选择“应用”，创建如图 8-6 所示的线束。

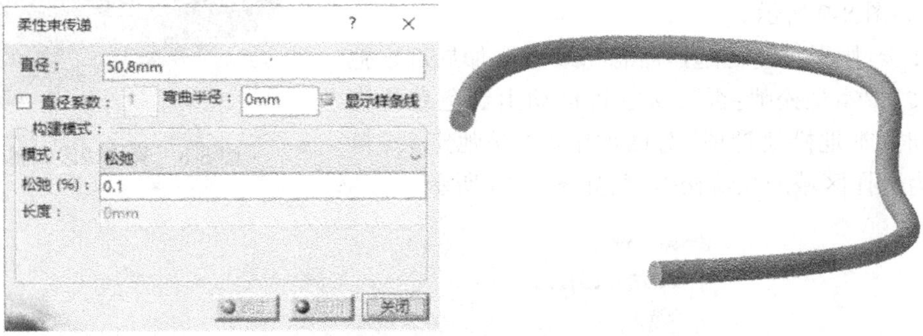

图 8-6　创建出的线束

8.4.2.2　**柔性管线通过线束，点击“柔性管路布线”按钮**

第 1 步：在管路线束外点击任一点作为管线的起点。

第 2 步：点击要通过线束的起点和终点。

第 3 步：在管线线束外点击任一点作为管线的终止点，选择“应用”，管线如图 8-7 所示。

8.4.2.3　**柔性管线的修改**

（1）纠正两条样条的对齐方式，主要步骤如下：

第 1 步：双击要改变的线路段，打开零件设计工作台。

第 2 步：再次双击样条。“样条定义”对话框中将列出管线点。

第 3 步：按照放置次序编号，选择要编辑的点。

（2）修改切线。如果切线选中的是相反的面（内表面，见图 8-8），点击红色箭头反向或者在“样条定义”对话框中选择反转方向。

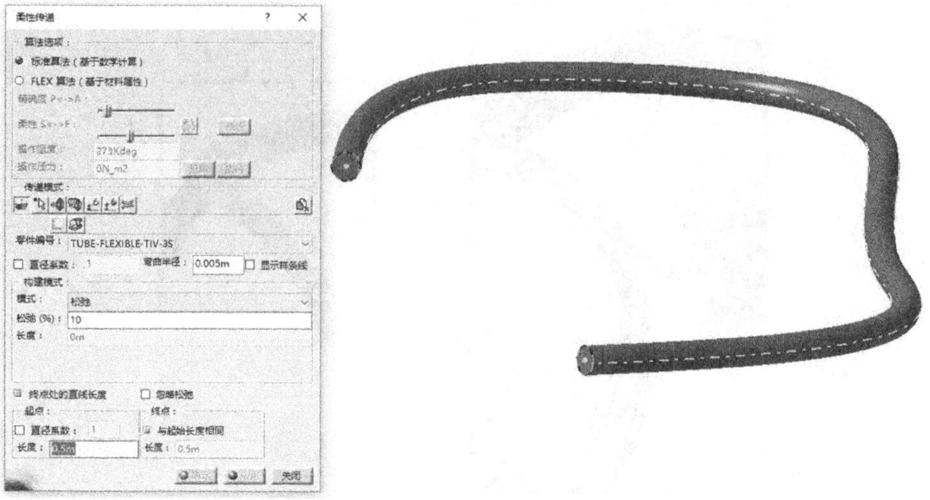

图 8-7　穿管线的管路

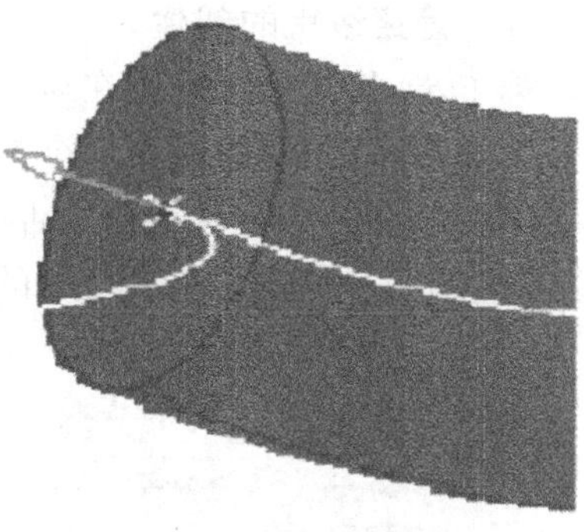

图 8-8　管线切线调整

编辑完成后，点击“确定”，关闭“样条定义”对话框。在结构树上双击产品，返回管路设计工作台。用户可以将更多的柔性管线加入到线束中。

(3) 管理局部松弛。

第 1 步：选择“管理局部松弛”图标，选择柔性管线对象，如图 8-9 所示。

第 2 步：用鼠标左键选择需忽略或者添加局部松弛区域的文字“本地松弛：否”，文字将自动由红色变化为黑色，同时“本地松弛管理”对话框中的“松弛定义”自动切换为选择区域的默认松弛度，如图 8-10 所示。

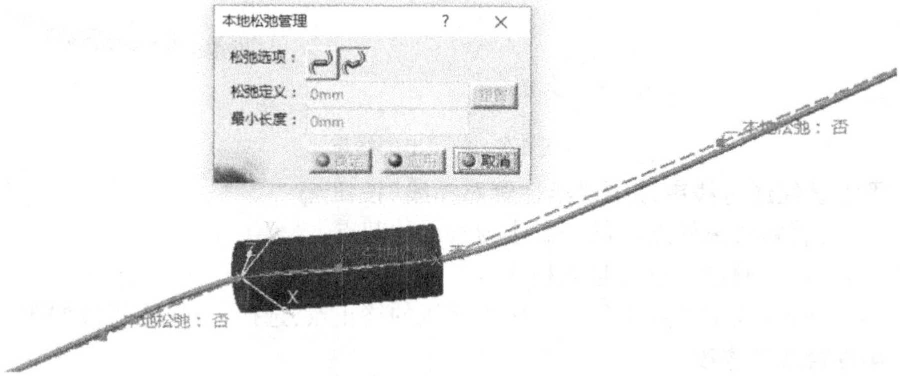

图 8-9　选中拟修改的柔性管线

第 3 步：修改松弛定义中的数据后点击“应用”或“确定”，就修改了松弛度，见图 8-11。

8.4.3　修改非柔性管路设计

(1) 常规项的修改方法与 Piping 相同，这里不再赘述。

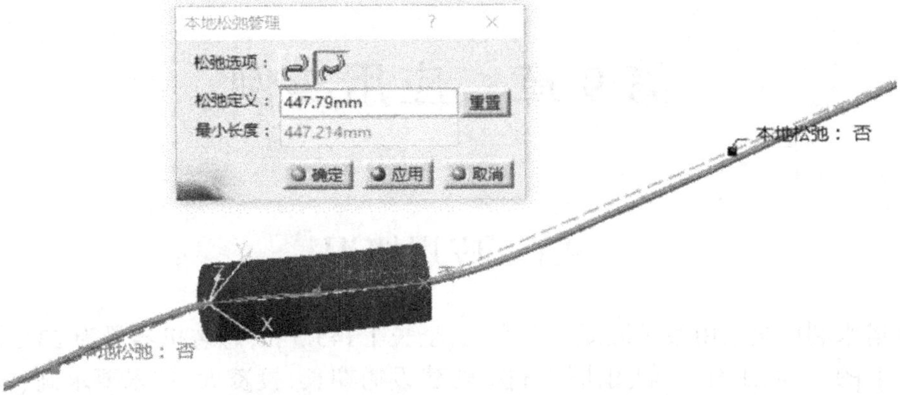

图 8-10　选中拟修改管线松弛度区域

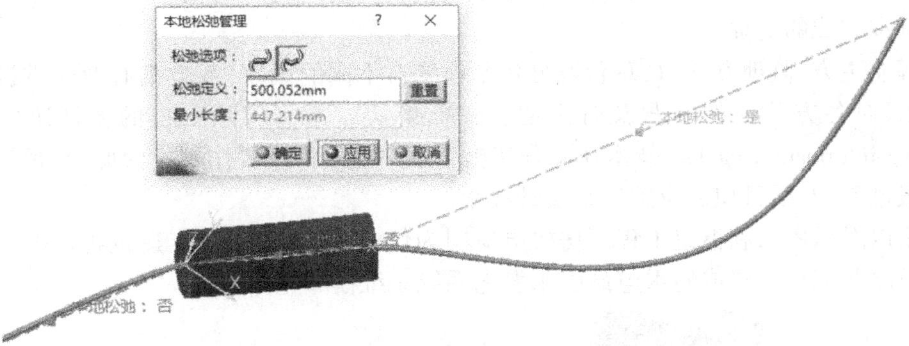

图 8-11　管线松弛度设置

(2)若要在管线某个弯曲点指定弯曲半径，需要在对应节点的"定义"对话框中修改。具体步骤如下：

第 1 步：进入管线的"定义"对话框(右键→管线→定义)。

第 2 步：节点定义(右键→节点→定义)。在"定义节点"对话框中输入弯曲半径，只影响所选弯曲段，见图 8-12。

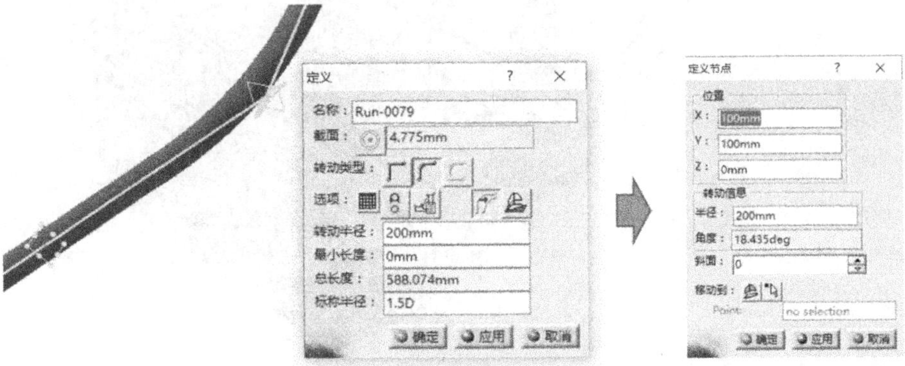

图 8-12　管线转弯半径设置

(3)在管线上放置零件、沿管线移动零件、旋转零件、翻转零件与 Piping 管路设计相同。

第 9 章　应用实例

9.1　应用概况

凯乐塔水利枢纽采用碾压混凝土重力坝,全长 1 145.5 m,总装机容量为 234.6 MW,被誉为几内亚的“三峡工程”。凯乐塔水利枢纽建设周期长、投资大、技术要求高、参建单位多。工程所在地——几内亚位于非洲西部,经济落后、物资匮乏,项目实施需要物资依赖进口,且材料供应商与项目所在地距离远,运输周期长。建筑材料的精确统计、按期运输到位是项目顺利完成的前提。

工程业主方、监理方、EPC 总包及分包单位来自不同的国家,各方都有及时掌握项目信息的需求,对各方关注的问题及时沟通、协调、解决。这些国际工程的特性决定了 BIM (bduilding information model)技术在工程实施管理中能发挥重要作用。因此,在设计、施工、运维阶段过程中,项目积极应用三维设计技术。

本章以凯乐塔水利枢纽工程厂房机电应用为例,着重讲述了水工建筑物机电三维设计应用的思路及流程。建成的水电站引水发电系统三维模型见图 9-1。

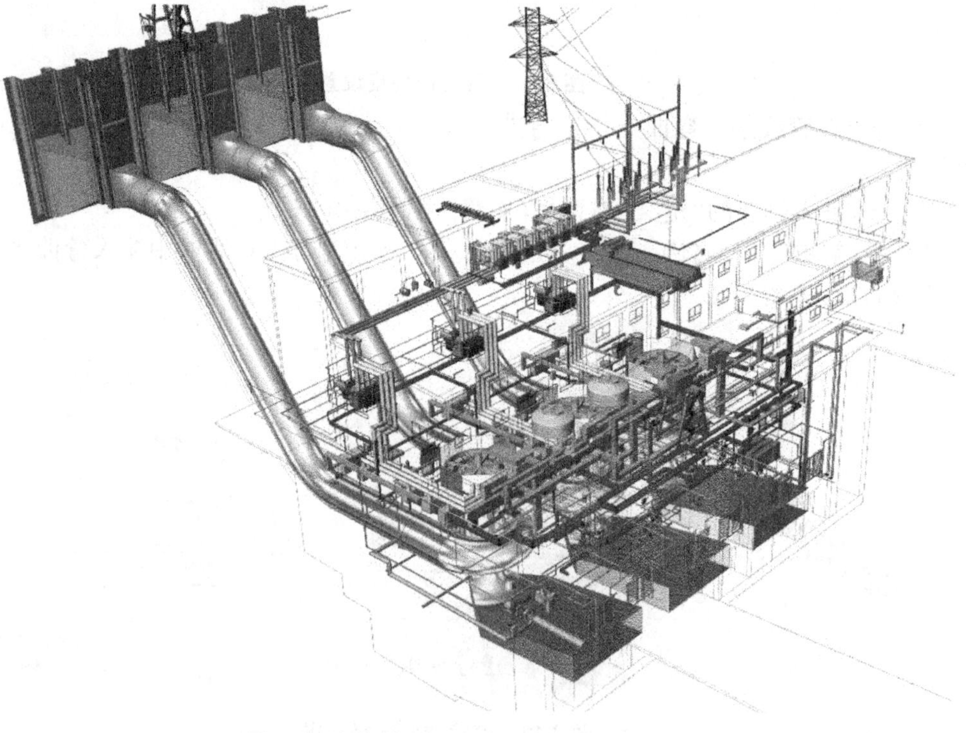

图 9-1　水电站引水发电系统三维模型

9.2 实施步骤

9.2.1 插入土建体型

厂房机电三维模型布置以厂房土建模型为参考物，因此在机电布置时，应提前将厂房土建模型导入。具体步骤如下：

(1)在装配设计模块下插入土建模型。

进入装配设计模块，通过插入现有部件的方式，选择结构树需要插入体型文件的节点，在弹出的“选择文件”对话框中，选择相应的 Part 模型文件，点击“打开”即可。插入的土建体型为土建专业提供的已完成的体型 Part 文件。

(2)对结构树进行重命名。

按照统一的建模及命名标准，选中要命名的结构树，点击“右键”→“属性”，然后在弹出的“属性”对话框中，点击“产品选项卡”，在“零件编号”中输入重命名的名称后点击“确定”即可。

(3)锚固土建体型。

为防止在建模过程中人为因素误移动体型文件，需将土建体型锚固，使得移动后可自动更新为初始位置。锚固命令是装配模块的特有命令，需要从 Equipment Arrangement 模块切换到装配模块，在 CATIA 系列模块中，可以自由转换。

将设计环境转换到装配模块，运行该模块后，可发现工具栏的工具按钮已经发生改变。

①点击“约束”选项卡中的“锚固”按钮。

②选择结构树中或图形显示区的锚固对象(厂房土建体型)。

③图形区的厂房土建体型上会出现 ，表明锚固成功。

④切换回 Equipment Arrangement 模块，进行后续设备布置工作。

凯乐塔水电站厂房三维模型见图 9-2。

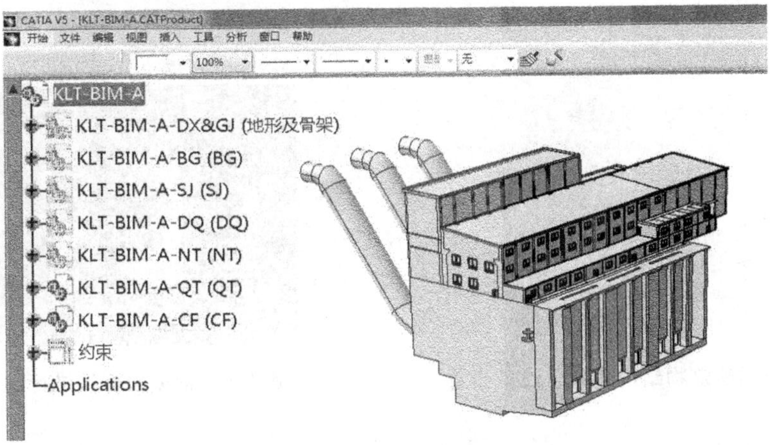

图 9-2　凯乐塔水电站厂房三维模型

9.2.2 设备布置

依次点击“开始”→“设备与系统”→“多专业”→“Equipment Arrangement”，将设计环境转回到设备布置模块进行设备布置。

9.2.2.1 选择相应设备库

在设备布置模块环境，点击“插入”→“Place Object from Catalog”按钮，弹出目录浏览器。若默认打开的设备库不是目标设备库，则可以点击按钮，选择相应的 Catalog 库文件(见图 9-3)。

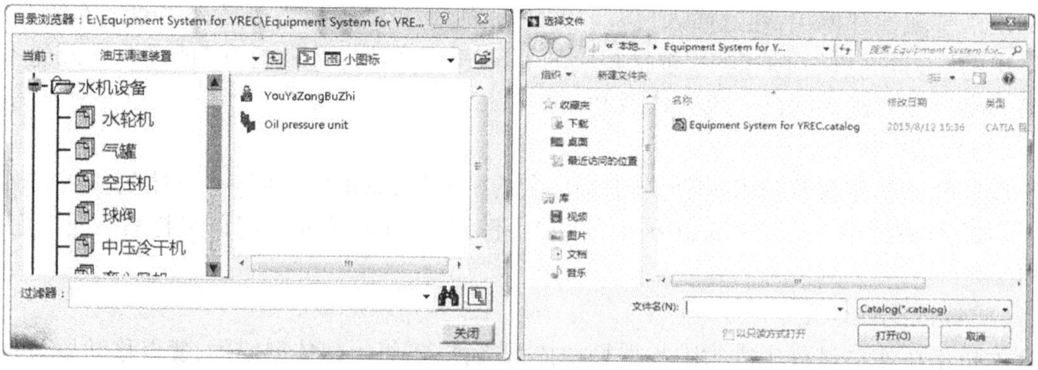

图 9-3 选择相应设备库

目录浏览器窗口左侧为库的结构树，选择相应的设备系列后，在右侧预览区选择具体设备，然后在 Equipment Arrangement 图形区布置设备。从设备库中选择的设备，本质上为设备零件。

9.2.2.2 布置设备

选择相应的设备后，移动鼠标至设备布置模块图形区，当鼠标靠近建筑物体型表面时，随鼠标移动的是虚拟的设备体型以及一平面与轴，平面可自动粘附于建筑物的表面，且轴与所粘附的建筑物面相垂直(见图 9-4)。当鼠标远离建筑物时，随鼠标移动的是虚拟设备体型以及表示位置的十字光标与坐标值，显示当前鼠标的位置(见图 9-5)。

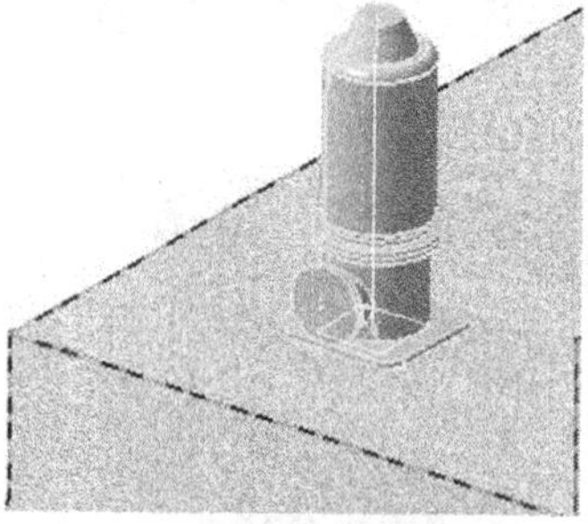
图 9-4 根据建筑物结构面进行设备布置

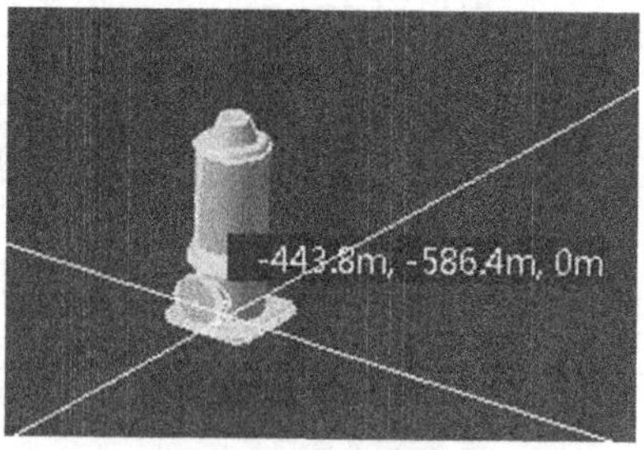

图 9-5 根据坐标值进行设备布置

9.2.3 管道布置

9.2.3.1 转换到 Piping 模块

依次点击“开始”→“设备与系统”→“管路专业”→“Piping Design”，即可将运行环境转换到 Piping Design 模块。

9.2.3.2　确定 Run 的相关参数

点击按钮，弹出“运行”对话框，如图 9-6 所示，对话框可以设置生成 Run 的模式、Run 界面形式，以及转弯半径等参数。一般情况下，不应修改该对话框中的参数，而是选择“Piping Line”中预先设定的 Line ID，通过 Line ID 自动赋予 Run 相应各体型参数。即在“运行”对话框弹出后，选择相应的 Line ID，则“运行”对话框中的参数自动发生变化，在“运行”对话框中选择定向模式。具体见图 9-7。

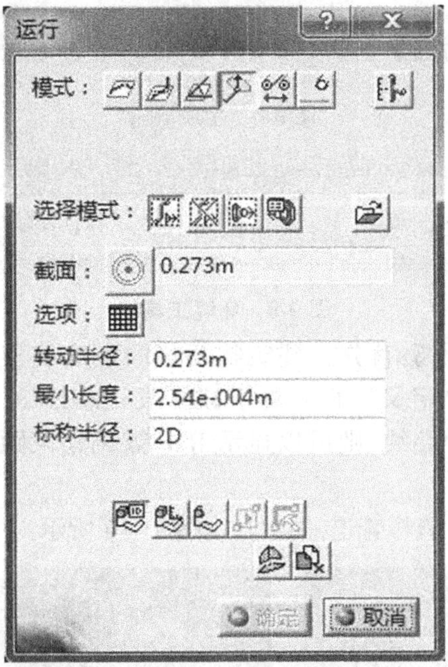

图 9-6　“运行”对话框

图 9-7　“Piping Line”中选择相应的 Line ID

9.2.3.3　生成 Run

移动鼠标至设备处，若设备预先设置有连接点，则会自动出现一绿色的箭头，单击后即可连出管道 Run，达到预期管道长度后，单击“确定”，点击 Esc 键可退出生成 Run（见图 9-8）。如需继续生成 Run，可按照路径继续单击，按 Shift 键可更改路径方向，每次转变角度为 90°。

9.2.3.4　精确确定 Run 的尺寸

确定 Run 的尺寸需要定义参考平面，定义一个平面作为其他对象的临时参考对象，此偏移平面不会存储在建模过程中。点击如图 9-9 所示环境工具栏中偏移平面按钮，移动鼠标至建筑物参考目标面，鼠标会自动吸附，点击即可确定一偏移面，该偏移面呈蓝色。

调整 Run 端头距偏移面的距离：首先在建筑物偏移面生成偏移面，然后选中需要调整的管道，单击右键“Run 对象”→“定义”，Run 处于被修改状态，Run 呈绿色中心线及箭头，拖动箭头，则可以显示 Run 端头距离偏移面的距离，距离合适后单击“确定”。

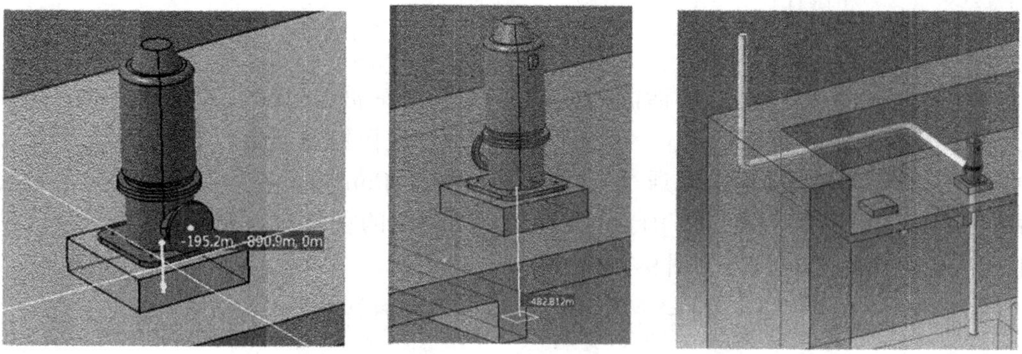

图 9-8　生成 Run

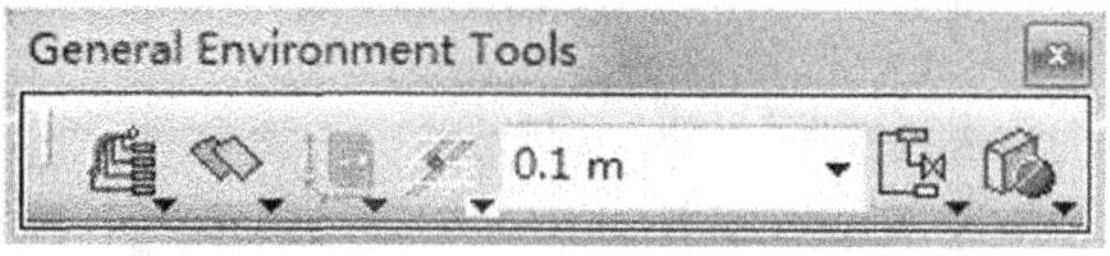

图 9-9　环境工具栏

调整 Run 距偏移面的距离：首先在建筑物偏移面生成偏移面，然后选中需要调整的管道，单击右键“Run 对象”→“定义”，Run 处于被修改状态，Run 呈绿色中心线及箭头，鼠标单击 Run 需要调整的段的中心线，则可以显示 Run 需调整段距离偏移面的距离，距离合适后单击“确定”。

反复利用上述方法即可调整管道的尺寸，如图 9-10 所示。

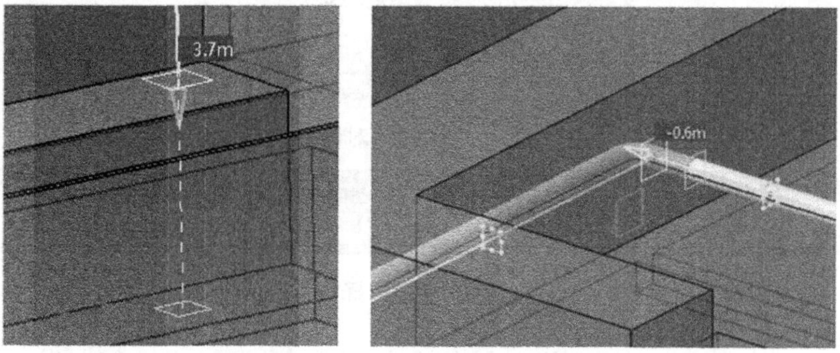

图 9-10　利用偏移面调整管道的尺寸

9.2.4　管路零件布置

9.2.4.1　在管道上插入阀门

单击放置管路按钮后，鼠标移动至需要增加阀门的管道部分，管道中心线呈绿色，点击管道中心线，则弹出如图 9-11 所示对话框，点击按钮，弹出“类浏览器”对话框，如图 9-12所示，在结构树中选中控制阀功能，若设备库中有多个符合要求的阀门，则会弹出“选择零件（规格）”，对话框如图 9-13 所示，选择相应的类别后即可插入阀门（见图 9-14）。

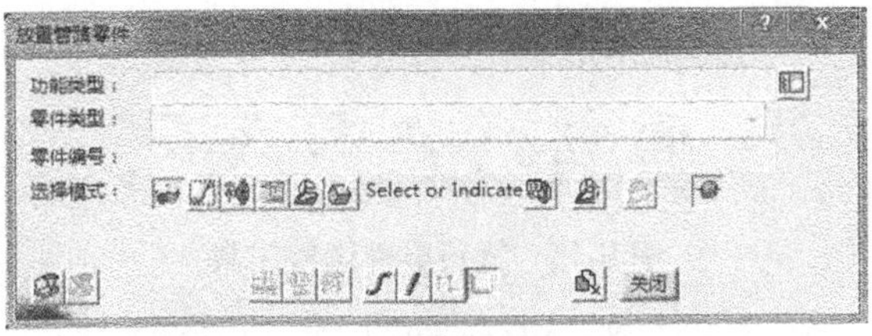

图 9-11　“放置管路零件”对话框

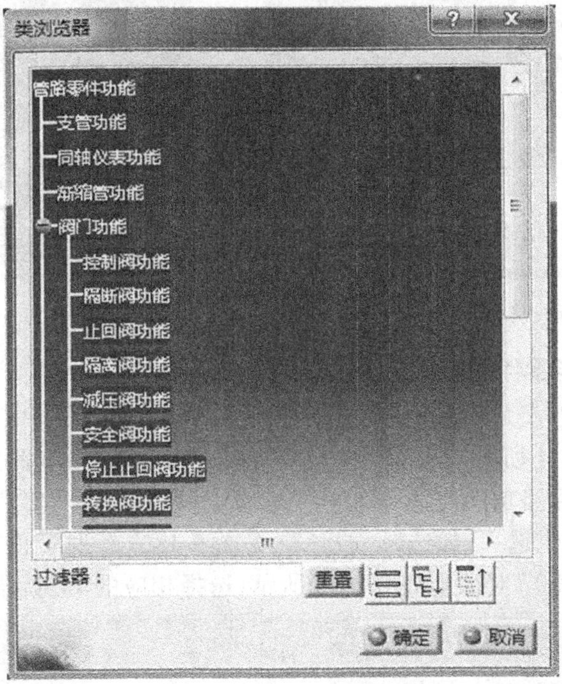

图 9-12　“类浏览器”对话框

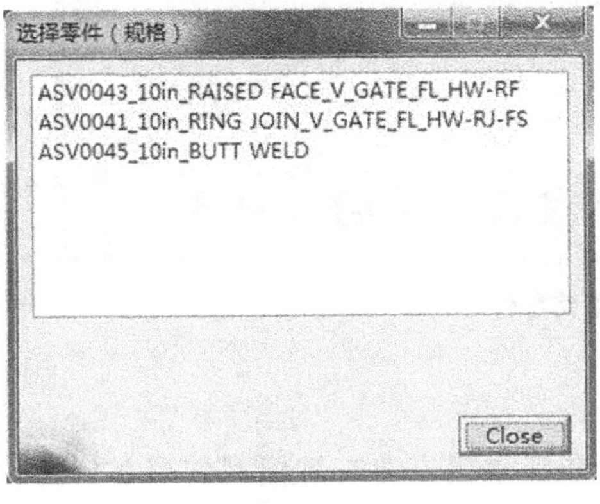

图 9-13　“选择零件(规格)”对话框

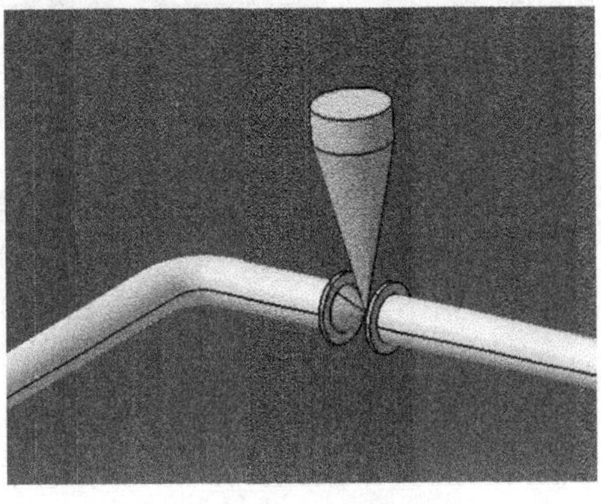

图 9-14　插入阀门

9.2.4.2　移动阀门

点击如图 9-15 所示“PipFlipTools”中的移动/旋转线路上的零件按钮，选择要移动的阀门，则 CATIA 可自动给出阀门与某特征面的距离，该特征面可以通过点击变换偏移面，偏移距离可在如图 9-16 所示对话框中的“偏移值”框中输入精确数值，结果见图 9-17。

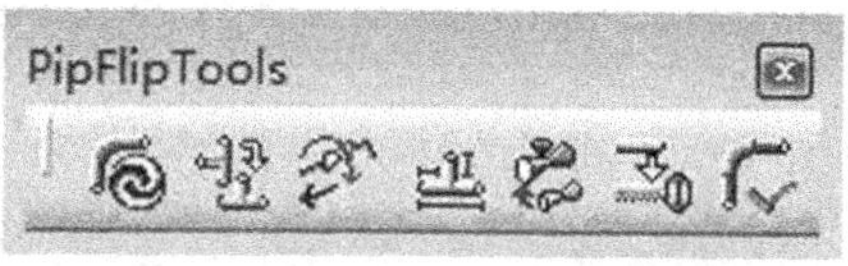

图 9-15　管路零件调整工具

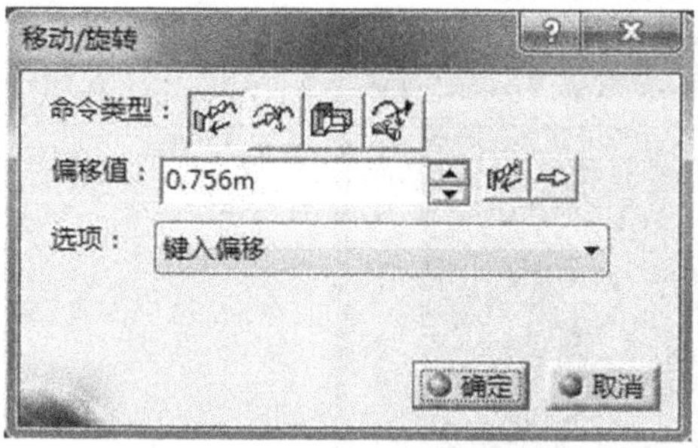

图 9-16　“移动/旋转”对话框

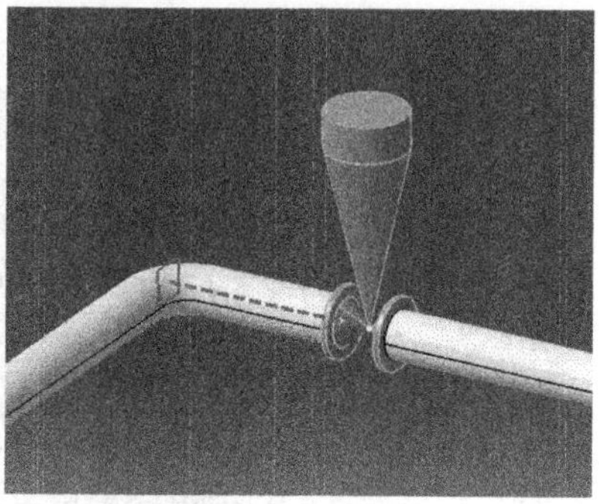

图 9-17　移动阀门

9.2.4.3　**插入管道功能零件**

单击放置管路按钮后，鼠标移动至需要弯管或支管处，管道中心线呈绿色，点击管道中心线，则弹出如图 9-11 所示对话框，点击按钮，弹出“类浏览器”对话框，如图 9-12 所示，在结构树中选中“管路功能”，若对应“管路功能”的有多个“零件类型”，则在“零件类型”下会出现多个类型供选择，如选择“肘管”（见图 9-18），若肘管也有多个规格对应，同样会弹出“选择零件（规格）”对话框如图 9-13 所示，选择相应的类别后即可插入弯管。

图 9-18　放置管路零件

9.2.5　模型生成

根据以上步骤，建立的凯乐塔水电站电气专业和水机专业三维模型如图 9-19、图 9-20 所示。

9.2.6　统计材料表

在完成三维设计后，根据设备模型和管路模型内蕴属性信息，通过软件自身的报表统计功能，按照制定的材料统计表生成样式，可以快速生成满足专业要求的材料表。

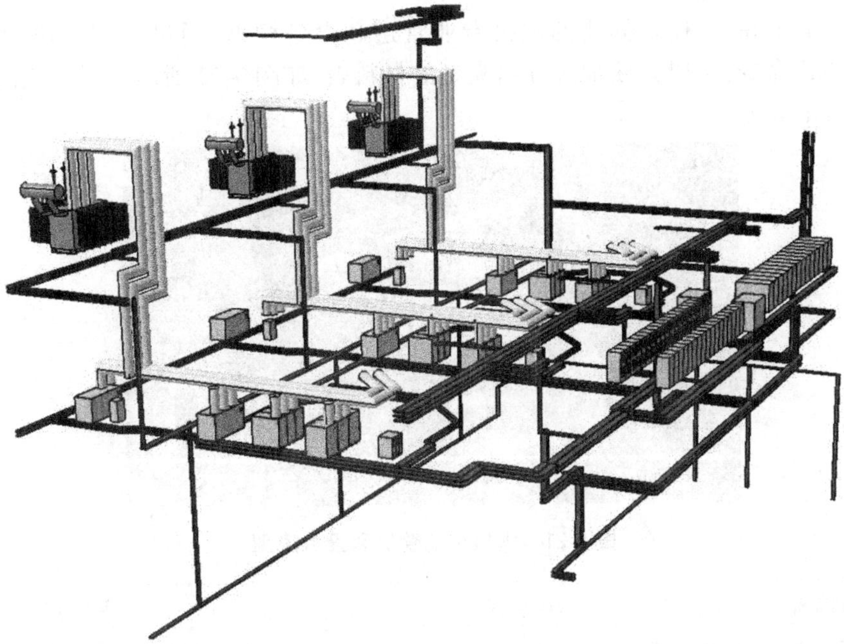

图 9-19 凯乐塔水电站电气专业局部模型

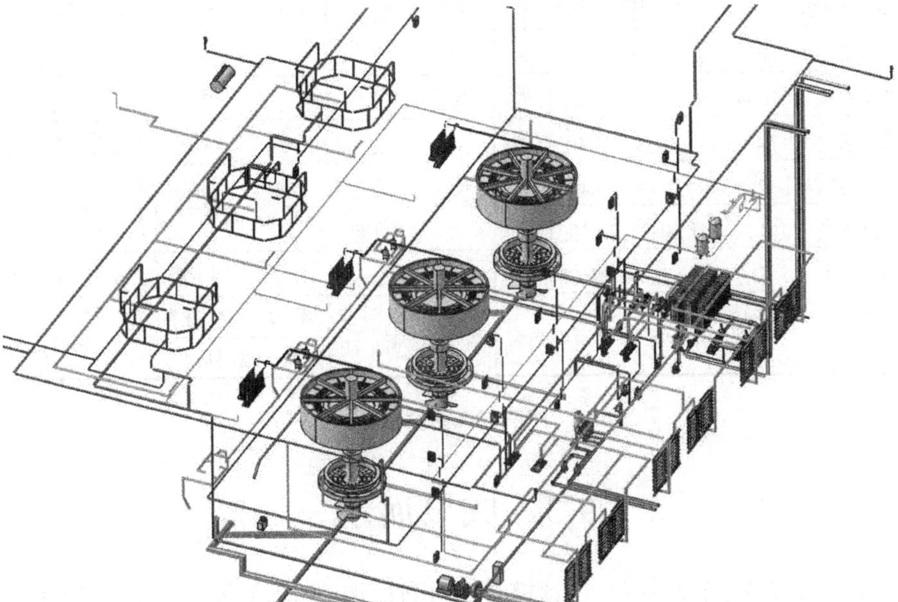

图 9-20 凯乐塔水电站水机专业局部模型

专业模块中创建的模型，具备大量的属性值，如材质、长度、管径和流量等，这些属性可以方便地使用“Bill Of Material”命令进行统计，形成 BOM 表，即材料表。

基础模块创建的模型，其尺寸、面积和体积等属性，BOM 表命令并不能识别，所以不能像专业模块一样自动统计模型工程量表，而需要人为通过“工程制图”建立土建工程量表与模型关联的方式进行统计。

图 9-21 为“Tubing”模块创建的水机专业管道和设备模型，通过装配模块的“Analyze\Bill Of Material”命令，可以方便地统计出模型的材料表，如图 9-22 所示。材料表的格式可以为 xls、Html、txt 格式。

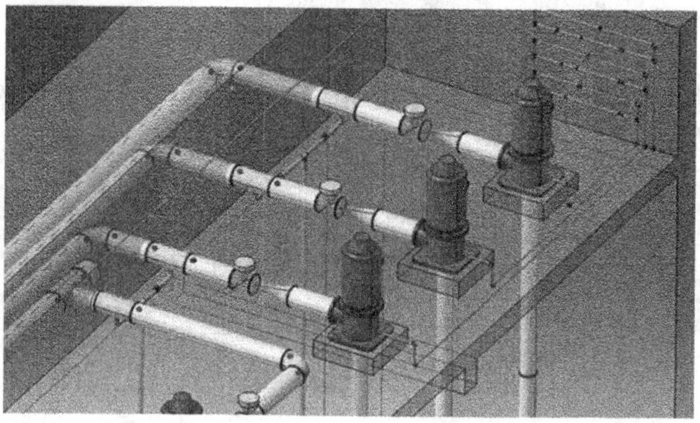

图 9-21 水机专业管道和设备模型

10	电动蝶阀 700G-4I型 DN400	件	24	组合			哈厂供货
9	手动球阀 Q41F-16型 DN100	台	12	组合	40	480	滤水器厂供货
8	电动球阀 80Z 型 DN100	台	12	组合	75	900	滤水器厂供货
7	电动滤水器 LSQ-A-1400型 DN400	台	12	组合	2400	28800	大连华峰发展公司供
6	阀门补偿器 TJ400 PN1.6MPa DN400	个	60	组合			L=130 配法兰
5	电动蝶阀 400D941H-16C DN400	件	54	组合			长沙阀门厂供货
4	电磁流量计33F-W4HCD1AA11A21A DN400	件	18	组合	192	3456	北京恩德斯豪斯供货
3	减压阀 XFY46T-25Q PN2.5MPa DN400	件	6	组合	800	4800	湘潭阀门有限公司供
2	阀门补偿器 TJ400 PN2.5MPa DN400	个	6	组合			L=130 配法兰
1	电动闸阀 ZX941TH-25 DN400	件	12	组合	1199	14388	上海良工开维喜供货
序号	名称及规格	单位	数量	材料	单重	总重	备注
					质量（kg）		

图 9-22 材料表

9.3 成果展示

凯乐塔工程规模大，布置复杂，设计繁杂，且设计、咨询、施工等各方来自不同的国家，语言不同，教育背景不同，思维方式不同，顺畅的沟通协调是保证工程顺利实施的前提。BIM 整合所有的信息，保障协同沟通信息源的唯一性。BIM 模型的可视化可清晰地表达设计成果、现场施工情况、设备招标情况等。BIM 模型可以作为渲染模型的基础，大大提高三维渲染效果和效率，可生成高清图片、视频等工艺动画或建筑功能展示，展示方式灵活、信息密度高，在国际项目中方便沟通。

SolidWorks Composer 是由达索开发的图形软件，主要用于帮助企业创建并维护其产品文档，包括用户手册的图解说明、培训资料制作、现场维护修理指导、装配指导说明、在线文档和客户服务，描述企业产品和流程的应用。

SolidWorks Composer 软件可以将 CATIA 等 CAD 软件的产品导入，进行处理后可以生成动画与高质量彩图，也可以生成 HTML 和 PDF 等格式文件。厂房横剖面展示如图 9-23 所示。机电布置模型展示如图 9-24 所示。集水井设备展示如图 9-25 所示。

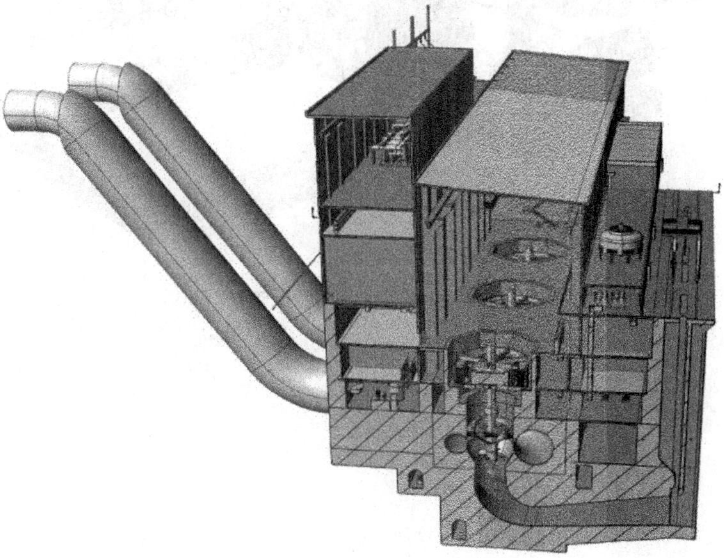

图 9-23　厂房横剖面展示

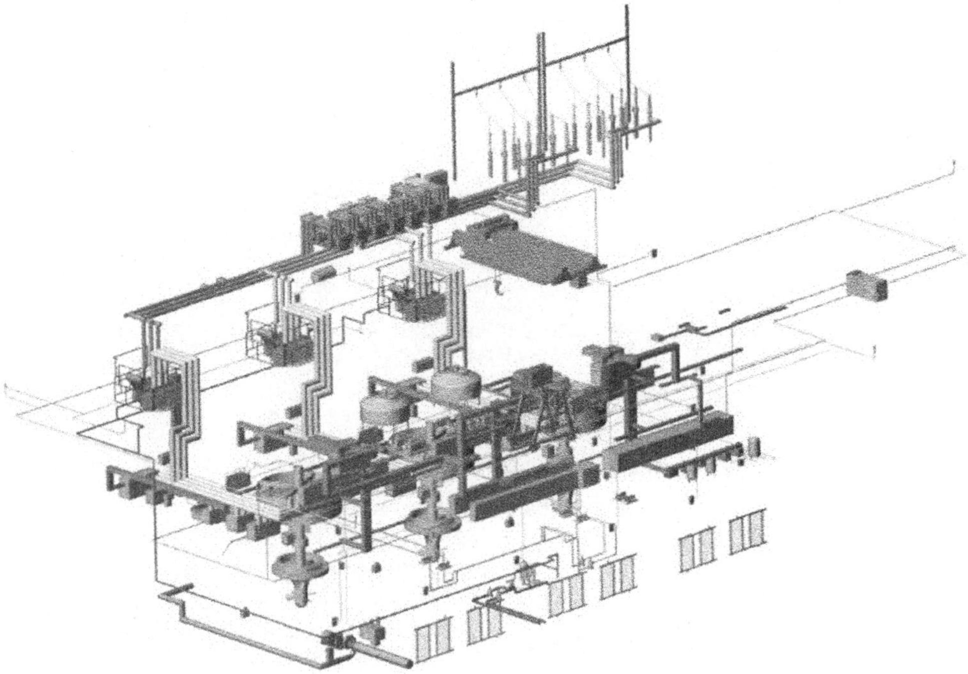

图 9-24　机电布置模型展示

图 9-25　集水井设备展示

参 考 文 献

[1] 达索系统公司. CATIA 在线帮助文档.

[2] 讯利科技有限公司. CATIA V5 中文操作指南.

[3] 盛选禹. CATIA 三维模型入门与提高[M].北京:机械工业出版社,2003.

[4] 上海江达科技发展有限公司.CATIA V5 基础教程[M].北京:机械工业出版社,2008.

[5] 水电水利规划设计总院.水工设计手册:第八卷 水电站建筑物[M].北京:水利电力出版社,2013.